はじめに

学生生活では、様々なシーンでレポートを作成したり、成果を発表したりする機会があります。

本書は、これからレポート作成や成果発表を行う学生を対象に、レポート作成、データ活用、プレゼン発表に必要な知識を習得し、それを活かして自分で成果物を作成できるようになることを目的とした学習教材です。学生の学びに欠かせないレポート作成のコツや、主張の裏付けに必要なデータ活用、主張を後押しする発表資料の作成方法など学生生活に役立つ知識を身に付けるとともに、Word、Excel、PowerPointの便利な機能を活用する技能を養うことができます。

また、各章末には、実践的な演習を用意しており、「問題点の洗い出し」→「改善案の作成」という順序でスキルを磨いていくことができます。これらの演習は、グループワークとして活用することもできます。

本書を通して、レポート作成、データ活用、プレゼン発表の知識を深め、学生生活に活かしていただければ幸いです。

2018年4月1日
FOM出版

- ◆Microsoft、Excel、PowerPoint、Windows、は、米国Microsoft Corporationの米国およびその他の国における登録商標または商標です。
- ◆その他、記載されている会社および製品などの名称は、各社の登録商標または商標です。
- ◆本文中では、TMや®は省略しています。
- ◆本文中のスクリーンショットは、マイクロソフトの許可を得て使用しています。
- ◆本文およびデータファイルで題材として使用している個人名、団体名、商品名、ロゴ、連絡先、メールアドレス、場所、出来事などは、すべて架空のものです。実在するものとは一切関係ありません。
- ◆本書に掲載されているホームページは、2018年2月現在のもので、予告なく変更される可能性があります。

Contents

■本書をご利用いただく前に ----------------------------- 1

■第1章　レポート作成力を磨く ----------------------- 5
- Check　この章で学ぶこと --- 6
- Step1　レポートとはどんなもの? ------------------------------- 7
  - 1　レポートの型 --- 7
  - 2　感想文や論文との違い ------------------------------------- 8
  - 3　レポート作成の流れ --------------------------------------- 9
- Step2　情報を収集しよう --- 10
  - 1　情報収集の必要性 --- 10
  - 2　情報収集の方法 --- 10
  - 3　収集した情報の引用方法 --------------------------------- 14
  - 4　文献リスト --- 15
- Step3　レポートの構成を考えよう ------------------------------- 16
  - 1　レポートの構成 --- 16
  - 2　序論 --- 17
  - 3　本論 --- 18
  - 4　結論 --- 20
- Step4　執筆力を高めよう --- 21
  - 1　レポートの文体 --- 21
  - 2　わかりやすい文章表現 ----------------------------------- 24
  - 3　メリハリのある構成 ------------------------------------- 28
  - 4　レポートの最終チェック --------------------------------- 30
- Step5　レポート作成に便利なWordの機能 --------------------- 32
  - 1　ページ設定 --- 32
  - 2　スタイル --- 33
  - 3　インデント --- 35
  - 4　箇条書き・段落番号 --------------------------------------- 36
  - 5　画像(図) --- 36
  - 6　表 --- 37
  - 7　SmartArtグラフィック ----------------------------------- 38
  - 8　Excelデータの貼り付け ----------------------------------- 39
  - 9　図表番号 --- 40
  - 10　段組み --- 41
  - 11　脚注 --- 41
  - 12　ヘッダー・フッター ------------------------------------- 42
  - 13　文字カウント -- 43
  - 14　スペルチェックと文章校正 ------------------------------- 43
- Let's Try　レポートの問題点と改善案を考えよう --------------- 44
  - 1　どこが悪いか考えよう ----------------------------------- 44
  - 2　問題点を改善して作り直そう ----------------------------- 46

Challenge 課題に取り組もう	47
1 課題に取り組もう	47
2 振り返って評価しよう	48

■第2章 データ活用力を磨く　49

Check この章で学ぶこと	50
Step1 データとはどんなもの？	**51**
1 データとは	51
2 データの種類	52
Step2 データから傾向を読み取ろう	**53**
1 データの活用	53
2 データを並べ替える	54
3 データを計算する	56
4 データを集計する	58
Step3 グラフを使ってデータを視覚化しよう	**60**
1 グラフ	60
2 数値を比較する	61
3 推移を見る	61
4 比率を見る	62
5 分布を見る	63
6 バランスを見る	64
7 グラフの効果的な表現方法	64
Step4 データ活用に便利なExcelの機能	**66**
1 テーブル	66
2 並べ替え	67
3 フィルター	68
4 ピボットテーブル	70
5 関数	73
6 条件付き書式	75
7 グラフ	77
Let's Try 表とグラフの問題点と改善案を考えよう	**78**
1 どこが悪いか考えよう	78
2 問題点を改善して作り直そう	80
Challenge 課題に取り組もう	**81**
1 課題に取り組もう	81
2 振り返って評価しよう	82

■第3章 プレゼン発表力を磨く　83

Check この章で学ぶこと	84
Step1 プレゼンテーションとはどんなもの？	**85**
1 プレゼンテーションとは	85
2 プレゼンテーションの流れ	86

Step2	プレゼンテーションの構成を考えよう	87
	1　目的の明確化	87
	2　目的達成のための道筋	87
	3　訴求内容の絞り込み	87
	4　ストーリーの組み立て	88

Step3	訴求力の高い発表資料を作成しよう	90
	1　プレゼンテーション資料作成のポイント	90
	2　箇条書きによる表現	94
	3　表による表現	95
	4　グラフによる表現	95
	5　画像による表現	96
	6　図解による表現	97
	7　色による表現	100

Step4	リハーサルをしよう	105
	1　リハーサルの必要性	105
	2　シナリオの作成	105
	3　表情・姿勢・話し方	106
	4　リハーサルの実施	107

Step5	発表しよう	108
	1　発表の流れ	108
	2　プレゼンテーションの実施	109
	3　質疑応答	109
	4　プレゼンテーションの終了	109
	5　配布資料	110

Step6	資料作成に便利なPowerPointの機能	112
	1　テーマ	112
	2　スライドの挿入	113
	3　箇条書き・段落番号	113
	4　SmartArtグラフィック	114
	5　表	115
	6　画像（図）	115
	7　グラフ	116
	8　ヘッダー・フッター	117
	9　アニメーション効果	117
	10　画面切り替え効果	118
	11　ノート	119

Let's Try	プレゼンテーション資料の問題点と改善案を考えよう	121
	1　どこが悪いか考えよう	121
	2　問題点を改善して作り直そう	123

Challenge	課題に取り組もう	124
	1　課題に取り組もう	124
	2　振り返って評価しよう	125

■索引 127

本書をご利用いただく前に

本書で学習を進める前に、ご一読ください。

1 本書の記述について

本書で使用している記号には、次のような意味があります。

記述	意味	例
「　」	重要な語句や機能名、画面の表示などを示します。	「レポート」とは、…。
《　》	タブ名やダイアログボックス名、項目名など画面の表示を示します。	◆《レイアウト》タブ→《ページ設定》グループの ▫ （ページ設定）→《用紙》タブで設定

Point ▶▶▶	知っておくべき重要な内容
How to	Word、Excel、PowerPointの操作方法
Hint	問題を解くためのヒント
※	補足的な内容や注意すべき内容

2 製品名の記載について

本書では、次の名称を使用しています。

正式名称	本書で使用している名称
Windows 10	Windows 10 または Windows
Microsoft Word 2016	Word 2016 または Word
Microsoft Excel 2016	Excel 2016 または Excel
Microsoft PowerPoint 2016	PowerPoint 2016 または PowerPoint

3 学習環境について

本書で学習するには、次のソフトウェアが必要です。

●Word 2016　　●Excel 2016　　●PowerPoint 2016

本書を開発した環境は、次のとおりです。
・OS　　　　　　：Windows 10（ビルド16299.192）
・アプリケーション：Microsoft Office Professional Plus（16.0.8730.2165）
・ディスプレイ　　：画面解像度1024×768ピクセル

※インターネットに接続できる環境で学習することを前提に記述しています。
※環境によっては、画面の表示が異なる場合や記載の機能が操作できない場合があります。

◆ボタンの形状

ディスプレイの画面解像度やウィンドウのサイズなど、お使いの環境によって、ボタンの形状やサイズが異なる場合があります。ボタンの操作は、ポップヒントに表示されるボタン名を確認してください。
※本書に掲載しているボタンは、ディスプレイの画面解像度を「1024×768ピクセル」、ウィンドウを最大化した環境を基準にしています。

4 効果的な学習の進め方について

本書の各章は、次のような流れで学習を進めると、効果的な構成になっています。

① 学習目標を確認

学習を始める前に、「この章で学ぶこと」で学習目標を確認しましょう。
学習目標を明確にすることによって、習得すべきポイントが整理できます。

② 知識の習得・操作の確認

各章のテーマにそって、レポート作成やデータ活用、プレゼン発表に必要な知識を習得しましょう。また、レポート作成やデータ活用、プレゼン発表に便利なWord、Excel、PowerPointの機能について確認しましょう。

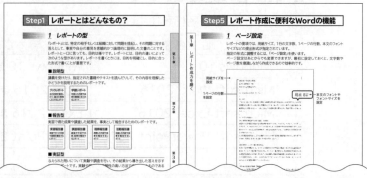

※Word、Excel、PowerPointの操作手順については、「FOM出版ムービー・ナビ」の動画でご確認いただけます。

③ 学習成果を確認

章の始めの「この章で学ぶこと」に戻って、学習目標を達成できたかどうかを確認しましょう。
十分に習得できなかった内容については、しっかり復習しましょう。

4 演習に挑戦

各章の内容をひととおり学習したら、演習に挑戦しましょう。
Let's Try　「問題点の洗い出し」→「改善案の作成」の流れで実践力を養います。
グループワークとしても活用できます。

Challenge　学習の総仕上げとして、自分で考えて成果物を作成します。
完成した成果物は、評価シートをもとに評価しましょう。

5 「FOM出版ムービー・ナビ」について

「FOM出版ムービー・ナビ」では、Word 2016、Excel 2016、PowerPoint 2016の機能を動画でご視聴いただけます。パソコン・タブレット・スマートフォンなどでご利用いただけます。

ホームページ・アドレス

http://www.fom.fujitsu.com/goods/eb/office2016/

QRコード

※本ムービーは、2017年11月現在のWord 2016・Excel 2016・PowerPoint 2016（16.0.8528.2126）に基づいて作成したものです。
※本ムービーに関するご質問にはお答えできません。
※本ムービーは、予告なく終了することがございます。あらかじめご了承ください。

6 学習ファイルのダウンロードについて

本書で使用するファイルは、FOM出版のホームページで提供しています。ダウンロードしてご利用ください。

ホームページ・アドレス

http://www.fom.fujitsu.com/goods/

ホームページ検索用キーワード

FOM出版

◆ダウンロード

学習ファイルをダウンロードする方法は、次のとおりです。
①ブラウザーを起動し、FOM出版のホームページを表示します。
※アドレスを直接入力するか、キーワードでホームページを検索します。

②《ダウンロード》をクリックします。
③《学校向け教材》の《学校向け教材》をクリックします。
④《Office 2016バージョン》の《学生のための思考力・判断力・表現力が身に付く情報リテラシー》の「fpt1714.zip」をクリックします。
⑤ダウンロードが完了したら、ブラウザーを終了します。
※ダウンロードしたファイルは、パソコン内のフォルダー「ダウンロード」に保存されます。解凍してご利用ください。解凍方法はFOM出版のホームページでご確認ください。

◆学習ファイルの一覧

学習ファイルを解凍すると、フォルダー「学生のための思考力・判断力・表現力が身に付く情報リテラシー」が作成されます。フォルダー「学生のための思考力・判断力・表現力が身に付く情報リテラシー」には、次のようなファイルが収録されています。

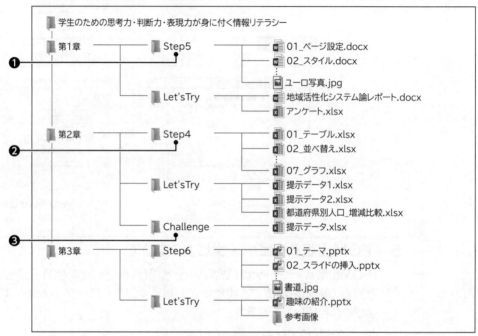

❶フォルダー「Step○」…各章の便利な機能のStepで使われているファイルが収録されています。操作しながら確認する場合にご使用ください。
❷フォルダー「Let'sTry」…Let's Tryで使用するファイルが収録されています。
❸フォルダー「Challenge」…第2章のChallengeで使用するファイルが収録されています。
※「第1章」と「第3章」には、フォルダー「Challenge」はありません。

◆学習ファイル利用時の注意事項

学習ファイルを開くと、ダウンロードしたファイルが安全かどうかを確認するメッセージが表示されます。学習ファイルは安全なので、《編集を有効にする》をクリックして、ファイルを編集可能な状態にしてください。

7 本書の最新情報について

本書に関する最新のQ&A情報や訂正情報、重要なお知らせなどについては、FOM出版のホームページでご確認ください。

ホームページ・アドレス	ホームページ検索用キーワード
http://www.fom.fujitsu.com/goods/	FOM出版

第1章

レポート作成力を磨く

Check	この章で学ぶこと	6
Step1	レポートとはどんなもの?	7
Step2	情報を収集しよう	10
Step3	レポートの構成を考えよう	16
Step4	執筆力を高めよう	21
Step5	レポート作成に便利なWordの機能	32
Let's Try	レポートの問題点と改善案を考えよう	44
Challenge	課題に取り組もう	47

Check! この章で学ぶこと

学習前に習得すべきポイントを理解しておき、
学習後には確実に習得できたかどうかを振り返りましょう。

1	レポートの型について理解し、その違いを説明できる。	☐☐☐	→ P.7
2	感想文の特性を理解し、レポートとの違いを説明できる。	☐☐☐	→ P.8
3	論文の特性を理解し、レポートとの違いを説明できる。	☐☐☐	→ P.8
4	レポート作成の基本的な流れを理解し、手順を説明できる。	☐☐☐	→ P.9
5	情報収集の必要性を理解し、説明できる。	☐☐☐	→ P.10
6	情報収集の具体的な方法を理解し、説明できる。	☐☐☐	→ P.10
7	収集した情報を引用する際の記載方法を理解し、説明できる。	☐☐☐	→ P.14
8	文献リストの記載方法を理解し、説明できる。	☐☐☐	→ P.15
9	レポートを構成する基本要素を理解し、章立てを考えることができる。	☐☐☐	→ P.16
10	レポートの文体のルールを理解し、説明できる。	☐☐☐	→ P.21
11	わかりやすい文章を書くためのポイントを理解し、説明できる。	☐☐☐	→ P.24
12	メリハリのある構成にするためのポイントを理解し、説明できる。	☐☐☐	→ P.28
13	提出するために必要なレポートの体裁を理解し、説明できる。	☐☐☐	→ P.30
14	レポート作成に便利なWordの機能について理解し、実際に操作できる。	☐☐☐	→ P.32

Step1 レポートとはどんなもの？

1 レポートの型

「レポート」とは、特定の相手もしくは組織に対して問題を提起し、その問題に対する答えとして、事実や自分の意見を客観的かつ論理的に説明した文書のことです。レポートと一口に言っても、目的は様々です。レポートには、目的の違いによって次のような型があります。レポートを書くときには、目的を明確にし、目的に合った形式で書くことが重要です。

■ 説明型

講義を受けたり、指定された書籍やテキストを読んだりして、その内容を理解したかどうかを説明するためのレポートです。

■ 報告型

実習で得た成果や調査した結果を、事実として報告するためのレポートです。

※(実習報告書・調査報告書・視察報告書・活動報告書)

■ 実証型

与えられた問いについて実験や調査を行い、その結果から導き出した答えを示すためのレポートです。実験や調査が、信頼性の高い方法で実施されたものである必要があります。

■ 論証型

与えられたテーマについて文献を調べ、その結果を根拠として、自分の主張を述べるためのレポートです。主張の根拠が信頼性の高い情報である必要があります。

2 感想文や論文との違い

レポートは、感想文や論文とは異なります。感想文や論文との違いは、次のとおりです。

■感想文との違い

感想文は自分が感じたことや考えたこと、体験したことを中心に、自由な形式で書くことができます。そこに客観的な根拠は必要ありません。何について書いても、どのような順序で書いても、個人の自由です。

一方、レポートには、必ず問題提起（問い）があり、それに対する結論（答え）があります。結論を導き出すための客観的な根拠を求められるだけでなく、書き方にも一定のルールがあります。また、信頼性の低い情報や個人の主観による結論は、説得力を持ちません。したがって、レポートの場合は、すぐに書き始められる感想文とは異なり、問題の背景を整理したり、根拠を用意したりするための準備が必要になります。

感想文とレポートの違いを、簡単な例文で比べてみましょう。

＜感想文の例＞

最近、日本の高齢化が確実に進んでいると感じる機会が多くなった。

個人の感想にすぎない（主観的）

＜レポートの例＞

内閣府の2017年版高齢社会白書によると、高齢化率は27.3％と過去最高を記録したとある。日本の高齢化は確実に進んでいると言える。

信頼性の高いデータに基づいて結論を述べている（客観的・論理的）

■論文との違い

レポートも論文も、文献を調べたり、自分の意見を述べたりする点は共通しています。また、信頼性の高い根拠が求められる点も同じです。レポートと論文の大きな違いは独自性です。レポートは、与えられたテーマに対して調査や実験を行い、その結果について考察します。ほかの人が書いたレポートと結論が同じでも、レポートでは問題になりません。

一方、論文は自分の考えに基づいて問題を提起し、それに対して調査や実験を行い、その結果から新しい事実の発見や新しい見解を導き出します。独自性の高い結論を提示できなければ、論文とは呼べません。

3 レポート作成の流れ

レポートを書く際には、基本的な流れにそって準備をすることが重要です。準備不足のままレポートを書き進めると、論点が曖昧になったり、説得力に欠けたりする原因になります。
レポート作成の基本的な流れは、次のとおりです。

 レポートの要項を確認する
- 提示された要項でテーマを確認する。
- 提示された要項でレポートの体裁を確認する。

 方向性を決定する
- 与えられたテーマを理解し、問題点を整理する。
- 与えられたテーマについて自分の考えを整理する。
- テーマを絞り込み、何について書くかを決める。

 情報を収集し整理する
- レポートの内容に関する情報を文献やインターネットを使って収集する。
- 収集した情報の中から信頼性の高い情報を絞り込む。
- 資料が見つからない場合は、❷を再検討する。

 構成を組み立てる
- どのような問題を提起し、最終的にどのような結論を示したいのか、論点を明らかにする。
- 序論、本論、結論をどのように展開するかを考え、アウトラインを作成する。

 レポートを作成する
- 要項どおりにレポートの体裁を設定する。
- 組み立てた構成に従って文章を書く。
- 主張したい内容をわかりやすく伝えるための工夫をする。

 作成したレポートを校正する
- 誤字や脱字がないか、わかりやすく伝えられているかを確認する。
- 問題点が見つかれば修正する。

7 最終チェックを行う
- 記載すべき内容にもれがないことを確認する。
- 提出前に、要項どおりにレポートの体裁が整っているかを確認する。

Point ▶▶▶

レポートの要項

課題レポートなどでは、何について書くのかといったテーマをはじめ、提出期限、提出方法、提出形式などの必要事項が「要項」にまとめられています。要項をしっかり確認してから、レポートを作成しましょう。

<例>
- テーマ　　：少子高齢化と社会経済への影響
- 提出期限：2018年7月10日(火)18時まで
- 提出方法：教務課レポート提出ボックス
- 提出形式：1,800～2,400字
　　　　　　A4サイズ横書き(40字×35行)
　　　　　　本文は明朝体、10ポイントとする

Step2 情報を収集しよう

1 情報収集の必要性

レポートでは、主張や結論が個人の主観によるものではなく、明確な根拠や証拠が存在することを示す必要があります。書き手の勝手な思い込みや想像だけでは、説得力のある説明はできません。根拠や証拠が存在するかどうかは、レポートを書くために利用した情報が信頼できる正しい情報であるかどうかで判断されます。したがって、説得材料となる信頼性の高い情報を手に入れ、レポートの内容に反映していく必要があります。そのための情報収集は、レポートの準備段階に欠かせない作業であるといえます。

レポートを作成する際には、あらかじめ次のような情報を収集し、整理しておきましょう。

■問題点を整理するための情報

与えられたテーマについて、どのような問題を提起するのか、どのような切り口でまとめるのかを検討するため、時代背景、現状の問題点や実態、問題点に対する取り組みなどをできるだけ具体的に把握しておきます。

■自分の主張を裏付けるための情報

レポートの方向性や構成が見えてきたら、それに合わせて、自分の主張の具体的な裏付けとなる情報を収集します。より説得力を高めるためには、信頼性の高い情報源からの情報である必要があります。また、その情報が最新であることも重要です。

2 情報収集の方法

情報収集の方法は、必要とする情報の種類や用途によって異なります。収集方法の選択を間違えると、効率が悪いだけでなく、有用な情報を入手できないこともあります。情報収集を始める前に、どんなことを調べたいのか、収集した情報をどのように使いたいのかを明らかにすることが大切です。また、必要とする情報がどこにありそうか、どんな組織が作成しているかを推測しながら情報収集を進めていきます。

情報収集の方法には、次のようなものがあります。

■辞書や事典で調べる

レポートを作成するためには、与えられたテーマについての用語の理解や、基本的な知識が不可欠です。辞書や事典を活用すると、わからない用語を調べたり、専門分野について知識を深めたりすることができます。文献検索に使えそうなキーワードが見つかることもあります。ただし、辞書や事典は頻繁に改訂されるものではないため、最新情報が載っていなかったり、古い情報が更新されていなかったりする場合があり、注意が必要です。

■インターネットを活用する

インターネットが普及する前は、書籍や新聞などを利用したり、関係者に話を聞いたりして、特定分野の情報を収集していました。現在は、インターネットの普及により、必要なときに、いつでもどこでも簡単に情報収集が行えるようになっています。インターネットでは、キーワードを入力するだけで、インターネット上に公開されている膨大な情報の中から、キーワードに一致する情報をすばやく収集することができます。

しかし、検索結果に表示されたすべての情報が正しいとは限りません。インターネットは誰もが手軽に利用でき、情報発信も簡単に行えるため、信頼性の低い情報や偽りの情報が含まれている可能性もあります。したがって、インターネットの利用者が、正しい情報を見極める目を持つ必要があります。

インターネットを活用して情報を収集するには、次のような点に気を付けましょう。

◆更新日付や更新履歴を確認する

そのホームページの更新日付が最近のものか、更新履歴が掲載されているかを確認することで、情報が最新であるかを判断できます。

◆情報の出所、出典元を調べる

引用された情報の場合は、出典元が掲載されているか、その出典元が専門家による著書や官公庁の発表資料であるかなど、信頼のおけるものかどうかを確認することで、情報の信頼性を判断できます。

◆ほかのメディアと比較する

新聞や雑誌、書籍など、ほかのメディアを併用することで、情報の信頼性を判断できます。

◆リンク状況をチェックする

そのホームページに設定されているリンク先がエラーになったり、リンク先に不審な点があったりする場合は、信頼できる情報とはいえません。

Point ▶▶▶

正確性が保証されないウィキペディア

無料で使えるオンライン百科事典「ウィキペディア」は、用語を理解したり、概要の定義を確認したりするのに便利ですが、不特定多数の人が自由に加筆・修正できるという点で正確性を保証できません。情報収集の手がかりとして利用するだけにとどめましょう。

Point ▶▶▶

キーワードを使った情報の検索方法

ひとつのキーワードで検索すると、検索結果が膨大になってしまい、必要な情報がなかなか見つからない場合があります。そのような場合は、次のような方法を使って検索するとよいでしょう。

検索の種類	検索される範囲	説明
AND検索	「りんご」と「青森」の両方を含むホームページが検索される	キーワードとキーワードの間に「空白」を指定すると、すべてのキーワードを含む情報を検索できます。情報を絞り込みたいときに使います。 <入力例> 「環境」と「エネルギー」の両方を含む記事を探す `環境　エネルギー`
OR検索	「りんご」と「青森」のどちらかを含むホームページが検索される	キーワードとキーワードの間に「OR」を指定すると、どちらかのキーワードを含む情報を検索できます。幅広く情報を収集したい場合に使います。 <入力例> 「少子化」と「高齢化」のいずれかを含む記事を探す `少子化　OR　高齢化` ※「OR」は半角英大文字、「OR」の前後には空白を入力します。
NOT検索	「りんご」で「青森」が含まれないホームページが検索される	2つ目以降のキーワードの前に「NOT」を指定すると、そのキーワードを含む情報が検索結果から除外されます。明らかに不要な情報を除外したい場合に使います。 <入力例> 「東京都」を除く、「待機児童」を含む記事を探す `待機児童　NOT東京都` ※「NOT」は半角英大文字、「NOT」の前には空白を入力します。
完全一致	「りんごの効能」と完全に一致するホームページが検索される	キーワードを「"(ダブルクォーテーション)」で囲むと、そのキーワードと完全に一致する情報を検索できます。検索対象が明確になっているときや、情報を絞り込みたいときに使います。 <入力例> 「子育て世代に人気の公園」というキーワードを含む記事を探す `"子育て世代に人気の公園"` ※「"」は半角で入力します。

※使用する検索サイトによって、検索結果の件数は異なります。

■ 文献を調べる

同じテーマについて書かれた書籍や論文を探します。書籍はまとまった情報を得るのに便利であり、論文はより専門性の高い内容や先行研究の成果を把握するのに役に立ちます。必要な文献は、図書館で借りたり、書店で購入したりして取り寄せます。調査研究を目的としている場合は、著作物の一部分であることを条件に、図書館の複写サービスを利用することも可能です。

> **Point ▶▶▶**
>
> **雑誌記事や学術論文の検索方法**
>
> 雑誌記事や学術論文は、最先端の研究成果を把握するのに利用します。次のような検索サイトを使うと、雑誌記事や学術論文を効率よく検索できます。
>
> | 検索サイト | 説明 |
> | --- | --- |
> | CiNii（サイニィ）
https://ci.nii.ac.jp/ | 国立情報学研究所が提供する文献情報・学術情報検索サービス。 |
> | 国立国会図書館サーチ
http://iss.ndl.go.jp/ | 国立国会図書館をはじめ、全国の公共図書館、公文書館、美術館、学術研究機関などが提供する資料やデジタルコンテンツを統合的に検索できるサービス。 |
> | 国立国会図書館リサーチ・ナビ
https://rnavi.ndl.go.jp/rnavi/ | 国立国会図書館が提供する調べものの窓口となるサイト。図書館資料やホームページ、各種データベース、関係機関の情報を提供。 |
> | Google Scholar ™
https://scholar.google.co.jp/ | Googleが提供する検索サービスの1つで、国内外の学術情報に特化した検索サービス。 |

■ 新聞記事を探す

新聞記事は、業界動向や市場の動き、最新技術などを大まかに把握するのに適しています。また、時事性や速報性に優れ、信頼性が高いことも大きな強みです。ただし、あらゆる新聞を購読するのは現実的ではないため、各紙が公開するホームページを利用するか、必要な記事を過去にさかのぼって提供してもらえる「クリッピングサービス」を利用する方法があります。クリッピングサービスは、利用者が希望する特定の分野やキーワードに関する情報を収集し、利用者に提供するサービスです。記事の見出しだけを無料で提供してくれるサービスもあります。

■ 統計資料を探す

統計資料とは、ある事象について定量的に把握し、統計データとしてまとめた資料です。官公庁や地方自治体などの公的機関が作成したもの、業界団体が作成したもの、民間企業や調査会社、新聞社などが独自に実施した調査結果をまとめたものなどがあります。主張や結論を裏付ける統計データがあると、レポートの説得力が格段に高まります。統計データを表やグラフに加工することで視覚的にも伝わりやすくなります。ただし、統計資料を引用する場合は、出所、調査時期、調査方法、分析方法などをチェックし、価値のあるデータかどうかを見極めることが重要です。

3 収集した情報の引用方法

収集した情報は、レポートの全体像を考えるときの参考になるだけではなく、レポートで自分の意見や結論を述べるときの根拠として扱うことができます。このように、ほかの人の言葉や文章を自分の文章の中で紹介し、説明に用いることを「引用」といいます。また、レポートで引用した文献のことを「引用文献」といいます。

引用の方法には、ほかの人の言葉や文章を改変せずに書き出す「直接引用」と、内容を要約して書く「間接引用」の2つがあります。どちらの方法も、引用したことが読み手にわかるようにしなければなりません。引用したことを明らかにしていない場合は、ほかの人の言葉や文章を無断で使用し、自分のものとして発表したとして、剽窃（ひょうせつ）の罪に問われます。絶対にしてはならないとの認識を持つことが重要です。引用する際は、次のような方法で記載します。

■直接引用

直接引用の場合は、引用する文章をカギ括弧「　」で囲みます。引用する文章が長い場合は、行頭から2〜3文字下げ、引用であることを明らかにします。また、引用元は、丸括弧（　）内に「著者の姓」「出版年」「掲載ページ」を「,（カンマ）」で区切って書きます。

<引用する文章が短い場合の例>

> 「重要な問題は、全地域で運用方法が統一されていない点にある（伊藤, 2015, p.44）」という指摘もある。

<引用する文章が長い場合の例>

> 伊藤（2015, p.44）は、次のように指摘している。
>
> 　　重要な問題は、全地域で運用方法が統一されていない点にある。しかも、
> 　　各地域が実施してきた取り組みは、………………………………である。

■間接引用

間接引用の場合は、内容を要約した文章をカギ括弧「　」で囲みません。書籍名を引用して内容を要約する場合は、書籍名を二重カギ括弧『　』で囲みます。また、引用元は、丸括弧（　）内に「著者の姓」「出版年」「掲載ページ」を「,」で区切って書きます。

<例>

> この現象が興味深いのは、………である（田中, 2016, p.83）。

> 『レポートの書き方マニュアル』（田中, 2016, p.83）によると、重要なポイントは………であるという。

Point ▶▶▶

無断引用に対する厳しい処分と監視

ほかの人の言葉や文章を無断で使用したことが明らかになった場合、学校によっては停学になったり、単位が認定されなかったりすることもあります。また、コピペチェックツールを使用して、学生たちの不正行為の防止に取り組む大学もあります。

4 文献リスト

レポートに文章を引用した「引用文献」と、レポートを書く過程で参考にした「参考文献」は、「文献リスト」としてレポートの最後に一覧にします。

文献リストには、読み手が使用した文献をすぐに確認できるように、十分な情報を記載することが重要です。文献を記載する場合は「著者の氏名」「出版年」「書籍名」「出版社」「掲載ページ」、論文の場合は「著者の氏名」「出版年」「論文名」「掲載された雑誌名」「掲載ページ」の順で書くのが一般的です。書籍名や雑誌名は二重カギ括弧『 』、記事タイトルやアンケート調査の名称などはカギ括弧「 」で囲みます。文献リストは、次のように記載します。

■本文に示した番号の順に記載する

本文中では上付き文字で番号を付け、その番号に対応する文献名を文末に番号順に記載します。

<本文の例>
```
この現象が興味深いのは、………である(田中, 2016, p.83)[1]。
```

<文末の例>
```
<参考・引用文献>
(1)田中武志(2016)『少子高齢化社会のゆくえ』FOM新聞社, p.83
(2)秋田道子(2016)『日本未来予想図』FOM大学出版会, p.105
(3)吉村栄太(2015)『徹底解剖!高齢化社会のすべて』いろは社, p.11-18
```

■本文に番号を付けずに記載する

参考文献と引用文献を分け、それぞれ著者の五十音順に並べます。英文の文献の場合は、アルファベット順に並べます。

<文末の例>
```
<参考文献>
秋田道子(2016)『日本未来予想図』FOM大学出版会, p.105
吉村栄太(2015)『徹底解剖!高齢化社会のすべて』いろは社, p.11-18

<引用文献>
市橋隆二(2016)『続・少子化対策を斬る』XYZ社, p.33
田中武志(2016)『少子高齢化社会のゆくえ』FOM新聞社, p.83
```

Point ▶▶▶

インターネットで収集した情報

インターネットで収集した情報をレポートで引用する場合も、引用したことを明らかにする必要があります。この場合は、「ホームページのタイトル」「発信元」「URL」「閲覧日」を明記します。

<本文の例>
```
「仕事が捗る!5つのポイント」(FOMネット, http://xxxxx.co.jp/xxxx/, 2018年1月22日閲覧)によると、………であるという。
```

<文献リストの例>
```
「仕事が捗る!5つのポイント」FOMネット(http://xxxxx.co.jp/xxxx/), 2018年1月22日閲覧
```

Step3 レポートの構成を考えよう

1 レポートの構成

どのような問題を提起し、最終的にどのような結論を示したいかが明らかになったところで、レポートの構成を考えます。一般的に、レポートは「序論」「本論」「結論」の3つの要素から構成されます。

文章を書き出す前に、序論、本論、結論を構成する章立てを考えます。章立てを考える際には、次のようなことに注意しましょう。

■論理的な展開を考える

レポートでは、自分の主張を論理的に展開する必要があります。論理的であるということは、筋道が通っているということです。具体的には、主張しようとする内容の根拠となる事実や先行研究などのデータが存在し、そのデータからどのようにして自分の主張や結論を導き出したのか、理由付けが明確になっていることが重要です。レポートを構成する要素の間に、明確なつながりが感じられるような展開を考えましょう。

■一定の流れを作る

自分の主張をわかりやすく伝えるためには、レポートに一定の流れを作ることが重要です。時間の経過にそって説明したり、最も伝えたいことから説明したり、問題点から原因をさかのぼって説明したりなど、読み手が頭の中を整理しやすいように、前後関係を考えながら説明を展開できるように構成しましょう。

■章立てを作る

章立てとは、書籍でいう目次のようなものです。「アウトライン」ともいいます。序論、本論、結論は、それぞれ10%、80%、10%の比率を目安に構成するとよいでしょう。A4用紙で1ページに収まるような短いレポートの場合は、章立てを作る必要はありません。

<例>

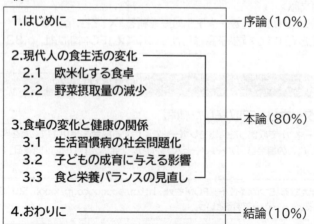

2 序論

序論とは、レポートの導入部のことです。「はじめに」という見出しを付けるのが一般的です。序論は、レポートの内容を明らかにすることで、読み手に本論への興味を持ってもらうだけでなく、読み手の理解を助ける重要な役割を担います。
序論を書くときのポイントには、次のようなものがあります。

■わかりやすく簡潔にまとめる

序論では、本論で述べることの概要を紹介します。序論から長い文章が続いたり、文章がわかりにくかったりすると、読み手の関心が失せてしまいます。ポイントを押さえて、簡潔にまとめることが重要です。

■レポートの目的を明らかにする

序論では、どのようなテーマについて書くのか、なぜそのテーマを選んだのかを述べることで、レポートの目的を明らかにします。具体的には、テーマについて問題提起を行うとともに、その問題の背景に触れ、問題に対する答えを導き出すことの必要性や重要性を主張します。

■読み手の期待を高める

本論へと読み進めてもらうため、先行研究の問題点を指摘したり、自分の仮説を提示したりして、本論への期待感を高めます。
レポートの内容によっては、序論で先に結論を述べる方が効果的な場合もあります。最初に読み手の注意を引き、なぜその結論に達したのか、最後まで興味を持って読んでもらうための手法です。

■前提知識を提供する

テーマについて知識のない人が読むことも想定しておく必要があります。用語の解説をしたり、先行研究を紹介したり、調査や実験の手順を説明したりなど、本論の理解を促すために必要な前提知識を提供します。

<例>

はじめに	
地球温暖化とは、地球表面の大気や海洋の平均温度が長期的に上昇する現象のことを指す。	用語の定義
地球温暖化は原因も背景も様々で、その解決は簡単ではない。	背景
しかし、ますます深刻化する地球温暖化への対策を講じることは、人類の生存と繁栄にとって緊急かつ重要な課題と言える。	問題提起
そこで本レポートでは、環境への負荷が少ない持続的発展が可能な社会の構築に向けて、教育業界ができる取り組みを検討する。	レポートの目的

3 本論

本論とは、レポートの本体にあたります。本論では、結論を導くために必要な根拠を挙げながら論理的に説明し、自分の主張が正しいことを証明します。
本論を書くときのポイントには、次のようなものがあります。

■論理性を高める

収集した情報を効果的に用いて論理性を高め、自分の主張に説得力を持たせるようにします。論理的に整理された文章は、理解しやすいだけでなく、読み手に良い印象を与えます。
論理性を高めるための方法には、次のようなものがあります。

◆因果関係を明確にする

問題を指摘する場合、ただ現状を把握するだけでは不十分です。原因と結果の2つの関係を明らかにすることが大切です。問題を引き起こしている原因を特定し、その原因を取り除くためにはどうすればよいかを考えます。

<例>

```
原因：ノートパソコンを紛失した
結果：個人情報が流出した
```

◆相関関係を明確にする

2つの要素の間にある関係を明らかにすることで、文章に説得力を持たせることができます。根拠となるデータを分析する際などには、因果関係だけでなく、相関関係にも注目します。

<例>

```
要素1：気温の変化
要素2：ペットボトル飲料の消費量
```

```
気温が上昇するほどペットボトル飲料がよく売れる
```

◆時系列を明確にする

時間の経過とともに変化したり、前に起こったことが次に起こったことの原因や動機付けとなっていたりする場合には、その内容を時系列で説明すると読み手が理解しやすくなります。目標、施策、成果など、複数の要素の間にある関係性を明らかにすることもできます。

<例>

```
ごみゼロ運動の施策の見直しについて
1. 計画時に設定した目標
2. 実施した施策
3. 施策実施後の成果
4. アンケート結果に見る反省点
5. 反省点に基づいた今後の課題
6. 新たな施策
```

◆空間的・地理的順序を明確にする

伝えたい情報の中には、時間的な流れを持つ情報だけでなく、建物や部屋の構造を表す空間的な広がりを持つ情報や、国内外の各地域にひも付いた情報などもあります。位置関係を意識して、例えば、上から下へ、手前から奥へ、北から南へ、東から西へと説明すると、整理された情報として伝えることができ、読み手はイメージしやすくなります。

位置関係を考えずに説明すると、読み手は頭の中に描いた空間や地図上を行ったり来たりしなければならず混乱します。

＜空間的順序の例＞

説明の目的：5階建ての百貨店のフロアー案内
説明順序　：下から、1階、2階、3階···5階

＜地理的順序の例＞

説明の目的：主要都市の天気予報案内
説明順序　：北から、札幌、仙台、東京、大阪、福岡、那覇

◆演繹法を用いる

「演繹法」とは、一般的な原理・原則を述べ、次に主張したい内容をそれに関連付け、最終的に結論を導き出す手法です。「三段論法」ともいい、「大前提（AはBである）」「小前提（BはCである）」「結論（よってAはCである）」の3つの要素からストーリーを組み立てます。

◆帰納法を用いる

「帰納法」とは、様々な事実や事例の共通点から結論を導き出す手法のことです。事実を裏付ける根拠が曖昧だったり、事例の数が極端に少なかったりする場合は、説得力に欠けるため注意が必要です。

＜例＞

事実1：新商品Aを人口100万人程度の10都市で先行販売したところ、10都市とも売れ行きが好調だった
事実2：新商品Aをオンラインショップで先行販売したところ、売れ行きが好調だった
事実3：新商品Aを九州全域で先行販売したところ、売れ行きが好調だった

結論　：商品Aを全国で販売しても、売上が見込めるだろう

■視点を変えてみる

レポートにさらに説得力を持たせるために、自分の意見ばかりを主張するのではなく、自分とは異なる意見にも注目してみるとよいでしょう。異なる意見に対する自分の見解を述べ、その欠点を明確な根拠をもって指摘することで、自分の意見の妥当性を効果的に強調することができます。

■ 章や節に分ける

本論が長くなる場合には、複数の「章」に分けて書きます。さらに1つの章を内容によって細かく分けたい場合には、「節」に分けます。1つの章や節の長さに決まりはありません。また、無理に分ける必要もありません。

章や節には、必ず内容を簡潔にまとめた見出しを付け、見出しには通し番号を付けます。通し番号は、序論を1章とした場合、本論は2章から、序論を0章とした場合、本論は1章からとなります。章や節の見出しを読んだとき、本論の流れが見え、伝えたいことの全体像を理解できるのが理想です。

<例>

```
第1章　はじめに

第2章　現代人の食生活の変化
　第1節　欧米化する食卓
　第2節　野菜摂取量の減少

第3章　食卓の変化と健康の関係
　第1節　生活習慣病の社会問題化
　第2節　子どもの成育に与える影響
　第3節　食と栄養バランスの見直し

第4章　おわりに
```

4 結論

結論とは、レポートの最後に書くまとめのことです。ここまで論じてきたことについて、わかりやすく総括する役割を担います。序論で提示した問題提起に対する答えにあたります。

結論では、本論で説明した内容をもう一度整理して伝え、読み手に納得できたと思ってもらえるように工夫しましょう。最後は、自分の意見をアピールして締めくくります。

結論には、次のような要素を盛り込むと効果的です。

- **本論で展開した説明の簡単な要約**
- **調査や実験を通してわかったこと**
- **最終的に主張したい結論**
- **重要なキーワード**
- **今後の計画や展望**

Step4 執筆力を高めよう

1 レポートの文体

「文体」とは、文章を書くときの様式のことです。レポートを書くときの文体には、次のようなルールがあります。

■表記

「体」と「身体」、「及び」と「および」、「行う」と「行なう」、「一番」と「1番」、「ユーザー」と「ユーザ」など、同じレポート内に様々な表記が混在していると、読み手も気になり、スムーズな理解が妨げられます。表記は、レポート全体で統一するようにしましょう。

■語尾表現

レポートは、一般的に「ですます調」(丁寧体)ではなく、「である調」(普通体)で書きます。箇条書き部分も、である調で書くのが基本です。である調で統一する場合も、「〜である」で終わる文章が何回も続くと、くどいように感じられます。「〜である」を「〜だ」に変えるなどして、変化を付けるのがポイントです。

<ですます調の例>

- 昨今は、少子高齢化が進んでいます。
- 重大な過失により事故を起こした場合は、登録資格を失うものとします。
- 21世紀を担う子どもたちへの環境教育は、非常に重要です。

<である調の例>

- 昨今は、少子高齢化が進んでいる。
- 重大な過失により事故を起こした場合は、登録資格を失うものとする。
- 21世紀を担う子どもたちへの環境教育は、非常に重要だ。

■表現

日常会話で使う「話し言葉」に対し、「書き言葉」は、文章として書くだけでなく、人に読ませるための言葉です。レポートでは、書き言葉を使います。
間違いやすい話し言葉と書き言葉の例には、次のようなものがあります。

<例>

話し言葉	書き言葉
きっと	おそらく
けっこう	かなり／数多く
こんな／そんな	このような／そのような
すぐに	早急に／すみやかに／迅速に
すごく／とても	非常に／大変
だんだんと	次第に
でも／だけど	しかし／だが
ですから／だから	そのため／したがって

■記述符号

括弧類や「○」「□」「：」「?」などを総称して「記述符号」といいます。記述符号を使うと、文章にメリハリが出て読みやすくなります。反対に、文章に含まれる記述符号が多すぎると、読み手が混乱し、効果が薄れてしまいます。例えば、括弧類の場合は、カギ括弧と丸括弧を標準として、ほかの括弧類は種類を限定して使うようにします。「♪」「!」なども、レポートでは特に理由がない限り使わない方がよいでしょう。

■英数字

横書きのレポートの場合、英数字はすべて半角で書きます。半角と全角が混在していると読みにくくなります。数字は、算用数字を使うのが基本です。ただし、次の例のように、漢数字を使う方が適切な場合もあります。

<漢数字を使う例>

一時期、今一つ、二重線、一夜にして、数十万円

■漢字とひらがな

ひらがなに比べると、漢字は直感的に意味を把握しやすいという特性があります。そのため、文章には、漢字が適度に含まれている方が読みやすいと言えます。ただし、接続詞や助詞のような補助的な用語を漢字にすると、文章全体が読みにくくなるため、漢字とひらがなを上手に使い分けて、読みやすい文章になるように注意しましょう。

漢字とひらがなを使い分けるポイントには、次のようなものがあります。

◆文字だけで意味が伝わる副詞は漢字で書く

「本当に」「次に」「最も」「主に」「要するに」など、文字を見ただけで伝えようとしていることが理解できる副詞は、漢字で書きます。

◆形式名詞はひらがなで書く

「～するときは注意する」の「とき」、「～することが重要である」の「こと」、「調べたところ」の「ところ」、「熱を感じるもの」の「もの」のような形式的な名詞を「形式名詞」といい、ひらがなで書くのが一般的です。

◆助詞・助動詞・接続詞などの補助的な用語はひらがなで書く

助詞、助動詞、接続詞、補助動詞、連体詞、接頭語、接尾語などの補助的な用語は、ひらがなで書くのが一般的です。これらの用語に漢字を使うと、目立たせたい名詞や動詞が目立たなくなることがあります。補助的な用語は、次の表のようにひらがなで書きます。

<例>

品詞	漢字表記	ひらがな表記
助詞	程／迄	ほど／まで
助動詞	～の様に	～のように
接続詞	但し／尚／又／即ち	ただし／なお／また／すなわち
補助動詞	～して来る／～して見る	～してくる／～してみる
連体詞	此の	この
接頭語／接尾語	御～／～毎	お～、ご～／～ごと

■ 専門用語・略語

専門用語や略語が含まれている場合は、読み手の知識を考慮して、一般的な用語に置き換えたり、説明を補足したりする必要があります。
説明を補足するには、次のような方法があります。

◆脚注で説明する

説明が長くなる場合は、脚注で説明します。

> シェアを取れない製品であれば、ニッチ戦略[1]を検討します。
> ─────────
> 1 「ニッチ」とは「隙間」という意味の言葉。大手企業の参入している市場ではなく、隙間市場に焦点を合わせてその市場での収益性を確保・維持する戦略のこと。

◆文章中で説明する

> 決定権のある人に決裁を求めるための「稟議書」には、決裁が必要な内容と同時に、決裁が必要な理由・根拠も記述する。

◆括弧を使って説明する

> レポートは、一般的に「ですます調」(丁寧体)ではなく、「である調」(普通体)で書く。

Point ▶▶▶

フォントの使い分け

「フォント」とは、コンピューターで使う文字のデザインのことです。日本語フォントには、大きく分けて「明朝系」と「ゴシック系」の2種類があります。一般的に、明朝系は印刷物の本文に、ゴシック系はタイトルや見出しなどに使われます。レポートのように文字量の多い文書では、線の細い明朝系を使うのが一般的です。線が太いフォントを使うと、文書全体が黒っぽく見え、読みにくい印象になります。本文には明朝系、タイトルや見出しにはゴシック系といったように、使い分けるとよいでしょう。線が細いといっても、楷書体や行書体はかえって読みにくくなるため使いません。なお、本文のフォントサイズは10～11ptを選ぶのが一般的です。
フォントには、次のような種類があります。

フォント名	フォント	雰囲気
明朝体	効果的なフォント	繊細、伝統的
ゴシック体	効果的なフォント	力強い、現代的
丸ゴシック体	効果的なフォント	かわいい、現代的
楷書体	効果的なフォント	優しい、真面目
行書体	効果的なフォント	和風、柔らかい

Point ▶▶▶

フォントサイズの選び方

人の視線は、自然と大きな文字の方に流れます。タイトルや見出しは、本文と同じフォントサイズでは目立たなくなるので、フォントサイズを大きくすると、読み手が認識しやすくなります。タイトル、見出し、本文の関係を考慮し、全体のバランスに注意しながら、適切なフォントサイズを選びましょう。

2　わかりやすい文章表現

わかりやすい文章表現とは、簡潔にまとめられた文章、矛盾がなく筋道が通った文章、誤解を招かない文章のことを指します。
わかりやすい文章を書くためのポイントには、次のようなものがあります。

■簡潔にまとめる

読み手は、「誰がどうした」「何がどうなった」といった主語と述語を意識しながら文章を読みます。文章の中に不要な情報が多く含まれていたり、不要な接続詞が含まれていたり、本題から外れた事柄が含まれていたりすると、主語と述語の関係がわかりにくくなってしまいます。盛り込むべき情報を精査し、不要なものは削除するようにしましょう。削除しても意味が変わらなかったり、文章がわかりにくくならなかったりする場合は、思い切って削除すると読みやすい文章になります。

■曖昧な表現を避ける

曖昧な表現を使用すると、読み手によって解釈が分かれたり、都合よく解釈したりして、誤解を招く可能性があります。例えば、「大幅に」は「約2倍に」、「数メートルの」は「約3メートルの」といったように、数値で表現するようにします。数値で表現するのが難しい場合は、できるだけ詳しく、具体的に説明するようにします。

■事実と意見は明確に区別する

レポートでは、事実と意見を混在させて書くことは避けなければなりません。事実と自分の意見を混在させてしまうと、意図したとおりに理解してもらえない可能性があります。特に、引用した文章がまるで自分の意見かのように見えてしまうと、剽窃とみなされてしまうため注意が必要です。また、レポートでは、感想文と違って意見を述べるだけで終わってはいけません。意見を述べる前に、まず事実を説明したり、根拠となる情報を示したりして、自分がどうしてそう考えるかを読み手が理解できるようにします。

<例>

> 事実：Aはピアニストである。
> 意見：Aはすばらしいピアニストだと思う。

■指示語が指す内容を明確にする

指示語をうまく使うと、同じ言葉の繰り返しを避けることができ、簡潔な文章になります。しかし、「この」「その」「これらの」「それらの」などの指示語を多用しすぎると、かえって文章がわかりにくくなることがあります。指示語が何を指しているのか、読み手が瞬間的に理解できるような使い方をします。

<悪い例>

> 部屋の奥に置かれた大きなテーブルには、花柄のティーカップとケーキ皿が乗っている。それが誰のものなのかを私は知っている。

<改善例>

> 部屋の奥に置かれた大きなテーブルには、花柄のティーカップとケーキ皿が乗っている。そのティーカップが誰のものなのかを私は知っている。

■語句の繰り返しを避ける

1つの文の中に、同じ語句が繰り返し使われていると、読み手がくどいと感じたり、稚拙な印象を受けたりします。同じ言葉のどちらか一方を別の言葉で置き換えたり、言い回しを変えたりします。

<悪い例>

> 討論会を開催する場所には、次の条件を満たす場所を選びます。

<改善例>

> 討論会を開催する場合は、次の条件を満たす場所を選びます。

■文末をすっきりさせる

文末に回りくどい表現が使われていると、読みにくくなります。削除しても影響がない表現をそぎ落として、すっきりと読みやすい文にすると、内容も理解しやすくなります。

<悪い例>

> ～が重要であると言えます。

<改善例>

> ～が重要です。

■適切な位置に読点を打つ

読点「、」は、文章を読みやすくしたり、文章の意味を正しく伝えたりするために重要な役割を果たします。語句や意味の区切りで読点を打つと、文章が読みやすくなります。文章が長い場合は、適切な位置に読点が打たれていないと、読みにくくなります。読点のルールに原則はありませんが、次のような位置で読点を打つようにするとよいでしょう。

◆語句を列記する場合

> SWOT分析は、強み(Strengths)、弱み(Weaknesses)、機会(Opportunities)、脅威(Threats)を分析し、評価する手法です。

◆主語の後ろ

> プロダクトライフサイクルは、製品が市場に投入されてから消失するまでのサイクルのことです。

◆接続詞や副詞の後ろ

> または、………。／しかし、………。／おそらく、………。

◆理由や条件などの後ろ

> ・・・すると、………。／・・・のため、………。／・・・について、………。

◆文の途中に説明を補足する語句がある場合

> 情報漏えいは、セキュリティに対する社員の意識改革を図ることで、未然に防ぐことができる問題もあります。

■誤解を招く表現を使わない

誤解を招きやすい文には、いくつかのパターンがあります。どのような表現が問題になるのかを知ったうえで文を書くと、読み手によって解釈が異なったり、意図したとおりに理解してもらえなかったりする心配がありません。
意図したとおりに伝えるためのポイントには、次のようなものがあります。

◆否定文では「～のように」を使わない

「～でない」で終わる否定文の中で「～のように」という表現を使うと、「～のように」が何に対する説明なのかが曖昧になり、複数の解釈ができてしまいます。
否定文では、「～のように」という表現は使わないようにします。

<例>

| AさんはBさんのように泳ぎが得意ではない。 |

| 解釈1：AさんもBさんも泳ぎが得意ではない。
解釈2：AさんはBさんとは違って泳ぎが得意ではない。 |

◆係り先を明確にする

形容詞や副詞の係り先が2通り考えられる場合、語句を入れ替えたり、文を分けたりすることで、係り先を明確にします。

<例>

| 新しい学校のビジョン |

| 解釈1：学校が新しい
解釈2：ビジョンが新しい |

<改善例>

| 学校が新しい場合　　：新しい学校が作ったビジョン
ビジョンが新しい場合：学校の新しいビジョン |

◆区切りを明確にする

区切りがない文では、複数の解釈ができてしまうことがあります。自分の主張を読み手に正確に伝えるためには、読点を使って区切りを明確にしたり、語順を変えたりして、曖昧さを排除します。

<例>

| Aさんは食事をしながら議論しているBさんに話しかけた。 |

| 解釈1：Aさんは食事をしながら、議論しているBさんに話しかけた。
解釈2：Aさんは、食事をしながら議論しているBさんに話しかけた。 |

◆できるだけ肯定文で書く

「〜しないと、〜しない」「〜でないことはない」「〜でないとは限らない」などの二重否定の表現を使うと、わかりにくい文になり、読み手が混乱します。否定文を肯定文に変えることでわかりやすくなります。

<悪い例>

可能性がないわけではない。

<改善例>

可能性がある。

■主語を明確にする

主語を省略してしまうと、曖昧な文になり、意味が正しく伝わらないだけでなく、読み手によって解釈が異なってくることもあります。主語を適切に補って曖昧さを排除します。

<悪い例>

A社の売上が伸びてB社と並んだのは、上場してからである。

<改善例>

A社の売上が伸びてB社と並んだのは、A社が上場してからである。

■文のねじれを直す

文のねじれとは、主語と述語の対応関係が適切でない状態のことをいいます。主語と述語を正しい係り受けの関係にして、文のねじれがないかどうかを常に確認しましょう。

<悪い例>

私の夢は、宇宙飛行士になりたいです。

<改善例>

私の夢は、宇宙飛行士になることです。

3 メリハリのある構成

メリハリのある構成とは、主張したいことや意味のまとまりごとに情報が整理された状態のことを指します。
メリハリのある構成にするためのポイントには、次のようなものがあります。

■段落を分ける

「段落」とは、意味や伝えたい内容によって文章を分けたものです。段落の分け方は、文章のわかりやすさに大きな影響を及ぼします。
段落を分けるときのポイントには、次のようなものがあります。

- 段落の主題は1つにする
- 全体の概要を示す段落と個々の説明をする段落を設ける
- 段落の中心となる内容を要約した主題文は、段落の最初に置く
- 1つの段落は5文以下にする

■箇条書きを効果的に使う

箇条書きは、レポートに限らず、様々な文書において欠かせない要素の1つです。要点をまとめる、事象を分類する、手順を説明する、注意点を列記する、複数の条件を提示するときなどに使うと効果的です。文章の中に説明すべき項目が複数含まれている場合は、箇条書きを使うことで内容が整理され、わかりやすくなります。また、説明が不足している点や重複している点が確認しやすくなるというメリットもあります。
箇条書きの項目を並べるときは、数字の大きい順や小さい順、説明が重要な順、空間的な順（上から下、左から右）などにすると、読み手が違和感なく読むことができます。

■長い文は分割する

文が長くなってしまった場合は、原因がどこにあるかを探り、文を2つ以上に分割します。
長い文を分割するポイントには、次のようなものがあります。

◆1つの文の中に2つ以上の事柄を含めない

1つの文の中に伝えたい内容が2つ以上含まれているときは、文を分割するとわかりやすくなります。ただし、必要以上に細かく分割しすぎると、細切れの文が続いて単調になってしまうことがあるので注意しましょう。

<悪い例>

歯に痛みがないのに歯磨きをしたときに血が出る場合は、歯周病が原因の場合が多く、日頃から正しい方法で歯を磨いたり、生活習慣を改善したり、定期的に歯科検診を受けたりするように心がけておくとよい。

<改善例>

歯に痛みがないのに歯磨きで血が出る場合は、歯周病が原因の場合が多い。日頃から正しい方法で歯を磨いたり、生活習慣を改善したり、定期的に歯科検診を受けたりするように心がけておくとよい。

◆接続助詞を使って文章を長くしない

「〜であるが、〜である」や、「〜とし、〜とする」といったように、接続助詞「が」「し」などを使った文は、長くなりすぎる場合があります。読み返して長いと感じたら、分割することを検討しましょう。

<悪い例>

> 数値の大小や割合を直感的に理解できるようにするためには、グラフを使うと効果的であるが、グラフにはいろいろな種類があるため、目的に合ったものを選択しなければ、効果は半減してしまう。

<改善例>

> 数値の大小や割合を直感的に理解できるようにするためには、グラフを使うと効果的である。ただし、グラフにはいろいろな種類があるため、目的に合ったものを選択しなければ、効果は半減してしまう。

◆長い挿入句は外に出す

「挿入句」とは、文の途中で説明を補足するために挿入される語句のことです。挿入句が長いと、主語と述語の関係が曖昧になったり、何を説明している文なのかがわかりにくくなったりすることがあります。長い挿入句は、無理に文の途中に入れるのではなく外に出し、2つの文に分割することを検討しましょう。

<悪い例>

> 当社の新商品「JIRIKI釜」は、5号炊きで2.3kgという軽さと、狭いスペースにすっきり収納できるコンパクトさが高く評価され、販売が好調である。

<改善例>

> 当社の新商品「JIRIKI釜」は、販売が好調である。この商品は、5号炊きで2.3kgという軽さと、狭いスペースにすっきり収納できるコンパクトさが高く評価されている。

◆長い修飾句は外に出す

「修飾句」とは、特定の名詞や動詞について詳しく説明するために用いる語句のことです。修飾句が長いと、どこまでがどの言葉を説明しているのかがわかりにくくなります。修飾句も、挿入句と同様に、無理に文の途中に入れるのではなく外に出し、2つの文に分割することを検討しましょう。

<悪い例>

> 集計したデータの範囲をいくつかの区間に分け、区間に入るデータの数を棒グラフで表したものがヒストグラムであるが、このグラフはデータの全体像、中心の位置、ばらつきの大きさなどを確認できる。

<改善例>

> ヒストグラムでは、集計したデータの範囲をいくつかの区間に分け、区間に入るデータの数を棒グラフで表す。これにより、データの全体像、中心の位置、ばらつきの大きさなどを確認できる。

29

4 レポートの最終チェック

レポートを書き終えたら、次のような点に注意して、レポートの体裁が整っているかを確認しましょう。

■要項どおりになっていること確認する

作成したレポートの用紙サイズや文字方向、本文のフォント、フォントサイズ、文章量などが要項どおりに整っていることを確認します。

文章量が極端に多かったり、少なかったりすると、再考を求められる可能性があります。枚数に指定がある場合は±1/2程度、文字数に指定がある場合は±10%の範囲になっていることを確認します。1,800字～2,400字のように範囲の指定がある場合は範囲内におさまっていることを確認します。表紙は枚数に含めません。

■表紙を付ける

レポートの枚数が1～2枚と少ない場合以外は、表紙を付けて提出します。
表紙には、「レポートのタイトル」「執筆者の所属と氏名」「提出日」を入れます。授業の課題の場合は、「授業科目名」も入れます。表紙を付けない場合は、レポートの先頭に、同様の内容を入れるようにしましょう。

■図表番号を付ける

本文で表やグラフ、画像などの図表を用いて説明している場合は、「表1」「図1」のように連番を振り、内容がひと目でわかるようなタイトルを付けます。番号とタイトルは、表は上側、グラフや画像は下側に付けるのが一般的です。

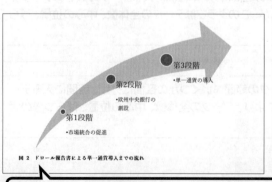

■文献リストを記載する

レポートの末尾に、参考文献や引用文献、ホームページのURLなどをまとめて記載します。

■ヘッダーとフッターを付ける

レポートが複数枚にわたる場合は、全ページに共通するヘッダーやフッターを付けると、より見栄えのよいレポートになります。ヘッダーには、レポートのタイトルや提出日、氏名など、フッターにはページ番号を入れます。ページ番号は、中央下か右下に配置するのが一般的です。表紙を付ける場合は、表紙にページ番号を入れる必要はありません。

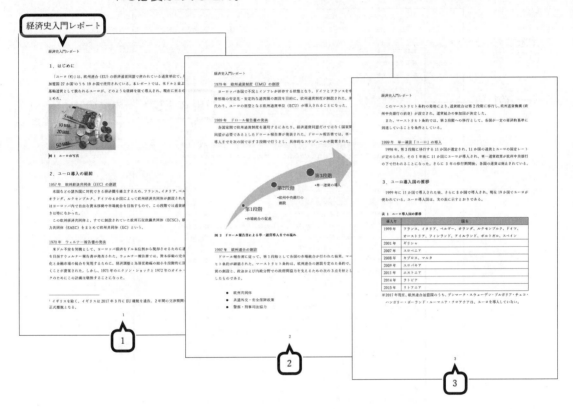

■レポートを綴じる

レポートは、ページ番号順にそろえて、バラバラにならないように綴じて提出します。綴じるときは、クリップではなく、ステープラー(ホチキス)で留めます。文字が横書きの場合は左上、縦書きの場合は右上を綴じるのが一般的です。

Step5 レポート作成に便利なWordの機能

1 ページ設定

レポートの要項では、用紙サイズ、1行の文字数、1ページの行数、本文のフォントサイズなどの提出形式が指定されています。
指定の形式に調整するには、「ページ設定」を使います。
ページ設定はあとからでも変更できますが、最初に設定しておくと、文字数やページ数を意識しながら作成できるので効率的です。

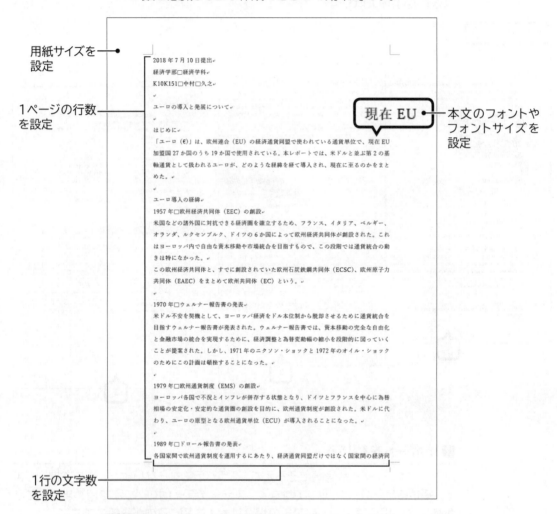

- 用紙サイズを設定
- 1ページの行数を設定
- 本文のフォントやフォントサイズを設定
- 1行の文字数を設定

How to ➡ ページ設定の変更

◆《レイアウト》タブ→《ページ設定》グループの ▫ (ページ設定)→《用紙》タブ/《余白》タブ/《文字数と行数》タブで設定

How to ➡ 本文のフォント・フォントサイズの設定

◆《レイアウト》タブ→《ページ設定》グループの ▫ (ページ設定)→《文字数と行数》タブ→《フォントの設定》→フォント/フォントサイズを選択

2 スタイル

レポートのタイトルや見出しなどは、本文と異なるフォントやフォントサイズなどの書式を設定して、本文と区別し、レポートの構成を明確にします。
フォントやフォントサイズなどの書式はそれぞれ個別に設定できますが、「表題」や「見出し1」「見出し2」などの「スタイル」を使うと、簡単に体裁を整えることができます。

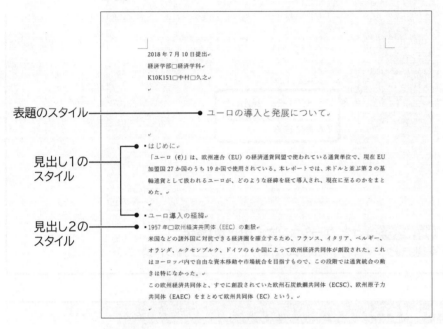

- 表題のスタイル
- 見出し1のスタイル
- 見出し2のスタイル

How to ▶ スタイルの適用

◆段落を選択→《ホーム》タブ→《スタイル》グループの ▼ (その他)→一覧からスタイルを選択

Point ▶▶▶

スタイルの更新

スタイルを設定したあとで、書式を変更する場合は、スタイルを更新します。文書内の同じスタイルを設定した箇所がすべて更新され、効率的です。

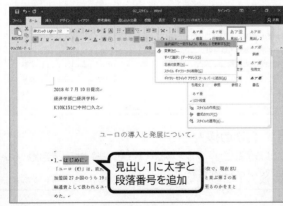

見出し1に太字と段落番号を追加

How to ▶ スタイルの更新

◆スタイルを適用した箇所の書式を変更→書式を変更した段落を選択→《ホーム》タブ→《スタイル》グループの ▼ (その他)→変更したいスタイル名を右クリック→《選択個所と一致するように(スタイル名)を更新する》

Point ▶▶▶

ナビゲーションウィンドウを使った文章の入れ替え

「見出し1」「見出し2」などの「見出しスタイル」を設定しておくと、ナビゲーションウィンドウを使って、簡単に見出し単位で文章を入れ替えることができます。

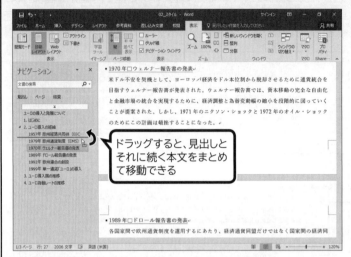

ドラッグすると、見出しとそれに続く本文をまとめて移動できる

How to ナビゲーションウィンドウの表示

◆《表示》タブ→《表示》グループの《☑ナビゲーションウィンドウ》

Point ▶▶▶

目次の挿入

レポートに目次を付けるように指示があった場合、文書に見出しスタイルを設定しておくと、見出しをもとに「目次」を簡単に挿入できます。

```
目次

ユーロの導入と発展について ............................................ 2
 1. はじめに ........................................................... 2
 2. ユーロ導入の経緯 ................................................... 2
    1957年□欧州経済共同体（EEC）の創設 .............................. 2
    1970年□ウェルナー報告書の発表 .................................... 2
    1979年□欧州通貨制度（EMS）の創設 ................................ 2
    1989年□ドロール報告書の発表 ...................................... 3
    1992年□欧州連合の創設 ............................................ 3
    1999年□単一通貨「ユーロ」の導入 .................................. 3
 3. ユーロ導入国の推移 ................................................. 3
 4. ユーロ為替レートの推移 ............................................. 4
```

How to 目次の挿入

◆目次を挿入する位置にカーソルを移動→《参考資料》タブ→《目次》グループの ▯（目次）→一覧から目次のスタイルを選択

第1章　レポート作成力を磨く

3 インデント

行内の文字の書き出しや書き終わりの位置を変更して本文と区別する場合は、「インデント」を使います。
行内の文字の書き出しの位置を「左インデント」、書き終わりの位置を「右インデント」といい、インデントは段落単位で設定します。

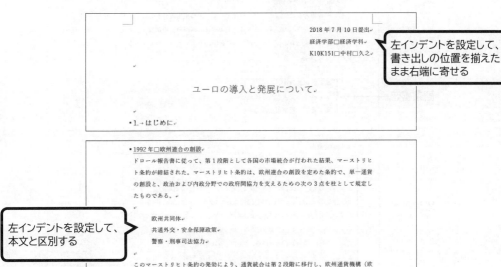

How to インデントの設定

◆段落を選択→《レイアウト》タブ→《段落》グループの ≡左: （左インデント）を設定／≡右: （右インデント）を設定

Point ▶▶▶

字下げ・ぶら下げインデントの設定

段落の先頭行を1文字下げて配置する場合は「字下げインデント」、「※」で始まるような段落で2行目以降を1文字下げて配置する場合は「ぶら下げインデント」を設定します。

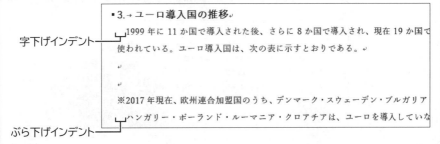

How to 字下げインデントの設定

◆段落を選択→《レイアウト》タブ→《段落》グループの ▫ （段落の設定）→《インデントと行間隔》タブ→《最初の行》を《字下げ》に設定→《幅》を設定

How to ぶら下げインデントの設定

◆段落を選択→《レイアウト》タブ→《段落》グループの ▫ （段落の設定）→《インデントと行間隔》タブ→《最初の行》を《ぶら下げ》に設定→《幅》を設定

4 箇条書き・段落番号

要点をまとめたり、順序や個数を確認しやすくしたりする場合に、「箇条書き」や「段落番号」を使うと便利です。段落番号は、あとから項目を追加したり削除したりしても自動的に連番が振り直されます。

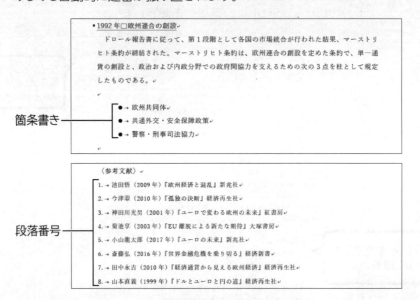

How to 箇条書き・段落番号の設定

◆段落を選択→《ホーム》タブ→《段落》グループの▭▾（箇条書き）／▭▾（段落番号）の▾→一覧から種類を選択

5 画像（図）

説明内容を具体的に表現するために、関連した写真やイラストなどの画像を利用することがあります。Wordでは、写真やイラストなどを「図」といい、文書内に簡単に挿入できます。挿入した画像は自由にサイズを変更したり、移動したりできます。

How to 図の挿入

◆図を挿入する位置にカーソルを移動→《挿入》タブ→《図》グループの▭（ファイルから）→ファイルの場所を指定→ファイルを選択→《挿入》

How to 図の移動

◆図を選択→図をドラッグ

How to 図のサイズ変更

◆図を選択→図の周囲の○（ハンドル）をドラッグ

Point ▶▶▶

図と文字列を左右に配置する

文書に挿入した図は、文字列と同じ扱いで行内に配置されます。図と文字列を左右に並べて配置する場合には、文字列の折り返しを「四角形」に設定します。

文字列の折り返しが「行内」の場合	文字列の折り返しが「四角形」の場合
	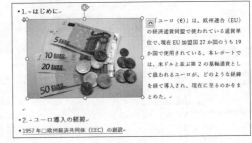

How to ➡ 文字列の折り返しの設定

◆図を選択→ 🔳 (レイアウトオプション)→一覧から種類を選択

6 表

情報を整理して説明したい場合は、表を使うと効果的です。表を使うと、項目ごとにデータを整列して表示でき、内容が読み取りやすくなります。

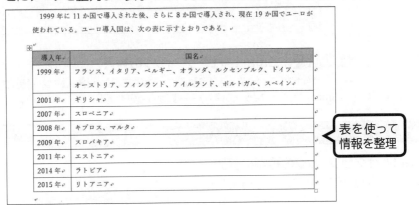

表を使って情報を整理

How to ➡ 表の作成

8行×10列までの表の場合

◆表を作成する位置にカーソルを移動→《挿入》タブ→《表》グループの 🔳 (表の追加)→作成する行数と列数のマス目をクリック

8行×10列より大きい表の場合

◆表を作成する位置にカーソルを移動→《挿入》タブ→《表》グループの 🔳 (表の追加)→《表の挿入》→《列数》と《行数》を設定

Point ▶▶▶

集計が必要な表の作成

数値データを集計する表を作成する場合は、Excelで集計した方が効率的です。Excelで作成した表はWordの文書にコピーして利用できるので、Wordで作成し直す必要はありません。
※Excelの表をWordにコピーする方法については、「8　Excelデータの貼り付け」を参照してください。

7 SmartArtグラフィック

文章だけの説明ではなかなか理解できない場合、図形や矢印などの図解を加えることで、理解しやすくなることがあります。
「SmartArtグラフィック」を使うと、目的に応じた種類を選択するだけで、図解を簡単に文書に挿入できます。

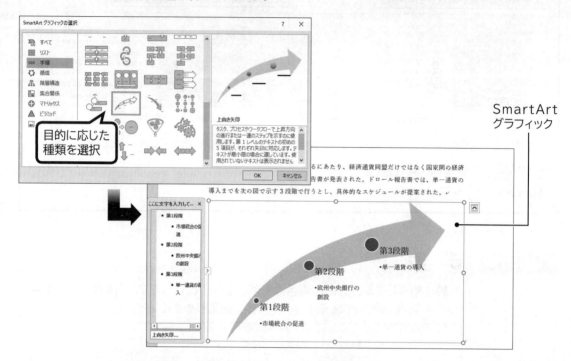

How to ⮕ SmartArtグラフィックの挿入
◆SmartArtグラフィックを挿入する位置にカーソルを移動→《挿入》タブ→《図》グループの SmartArt （SmartArtグラフィックの挿入）→一覧から種類を選択

Point ▶▶▶

SmartArtグラフィックの種類の変更
挿入したSmartArtグラフィックは、あとから種類を変更できます。

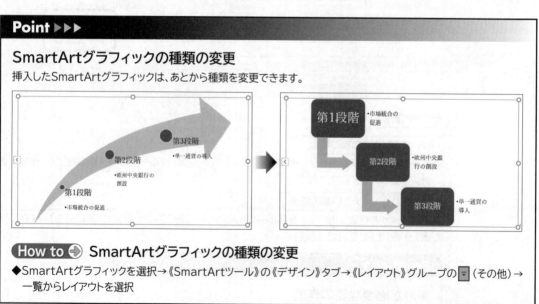

How to ⮕ SmartArtグラフィックの種類の変更
◆SmartArtグラフィックを選択→《SmartArtツール》の《デザイン》タブ→《レイアウト》グループの ▼ （その他）→一覧からレイアウトを選択

8 Excelデータの貼り付け

説明を裏付けるためにアンケートをとったり、統計データを調べたりすることがあります。集めたデータの集計や分析にはExcelを使うことが多いです。Excelで作成したグラフや表をコピーしてWord文書に貼り付けることができます。
Excelデータを貼り付ける際は、あとからExcelデータを修正するかどうかによって、貼り付け方法を決めます。

Excelデータを修正しない場合

貼り付けたあとにデータを修正する必要がない場合は、図として貼り付けると、写真などの図と同じように扱えるため、自由にサイズ変更や移動ができます。ただし、Excelで設定した書式のまま貼り付けられるため、フォントや色などが貼り付け先の文書の書式に合わない場合があります。

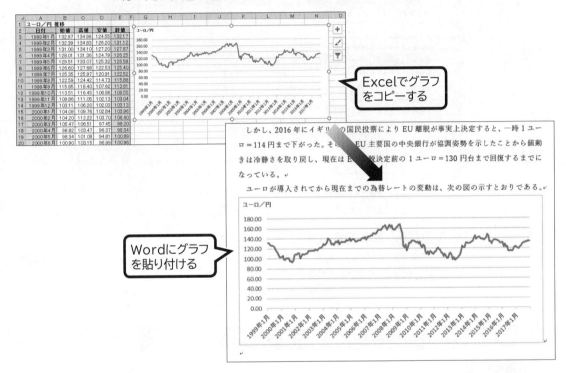

How to ➡ 図として貼り付け

◆Excelのグラフや表を選択→《ホーム》タブ→《クリップボード》グループの（コピー）→Word文書の貼り付け先にカーソルを移動→《ホーム》タブ→《クリップボード》グループの（貼り付け）の→《図》

Excelデータを修正する場合

貼り付けたあとにデータを修正する可能性がある場合は、リンク貼り付けを使うとよいでしょう。リンク貼り付けを使うと、貼り付け元と貼り付け先のデータが連携しているので、Excelでグラフや表を修正すると、Wordに貼り付けたグラフや表も更新されます。

How to ➡ リンク貼り付け

◆Excelのグラフや表を選択→《ホーム》タブ→《クリップボード》グループの（コピー）→Word文書の貼り付け先にカーソルを移動→《ホーム》タブ→《クリップボード》グループの（貼り付け）の→《貼り付け先テーマを使用しデータをリンク》／《リンク（貼り付け先のスタイルを使用）》

9　図表番号

レポートに図や表などを挿入した場合は、それらに連番と内容がひと目でわかるようなタイトルを付けます。「図表番号」を使うと、簡単に連番とタイトルを設定できます。

How to　図表番号の挿入

◆図や表を選択→《参考資料》タブ→《図表》グループの （図表番号の挿入）→《ラベル》の種類を選択→《位置》を選択→《図表番号》にタイトルを入力

※使用したいラベル名がない場合は、《図表番号》ダイアログボックスの《ラベル名》をクリックして、新しいラベル名を入力します。

Point ▶▶▶

図表番号の扱い

図表番号を挿入する図の文字列の折り返しの設定によって、図表番号の扱いが異なります。図の文字列の折り返しが「行内」の場合は、図表番号は通常の文字として挿入されます。図の文字列の折り返しが「行内」以外の場合は、図表番号はテキストボックス内の文字として挿入されます。

文字列の折り返しが「行内」の場合

文字列の折り返しが「行内」以外の場合

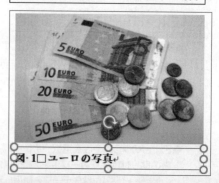

10　段組み

文章を複数の列に分けて表示することを「**段組み**」といいます。短い文章の箇条書きが続く場合や、文字量の多い文書を作成する場合に段組みを設定すると、文章が読みやすくなります。

段組みを設定すると、設定する段数に応じて自動的に文章が次の段に送られます。区切りがよくない位置で文章が次の段に送られた場合は、「**段区切り**」を挿入して、任意の位置から次の段に文章を送ります。

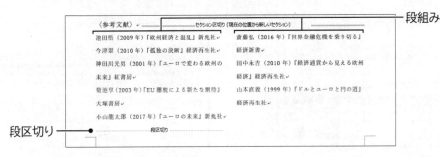

How to　段組みの設定

◆段落を選択→《レイアウト》タブ→《ページ設定》グループの ≡段組み▼ （段の追加または削除）→段数を選択

How to　段区切りの挿入

◆段区切りを挿入する位置にカーソルを移動→《レイアウト》タブ→《ページ設定》グループの ≡区切り▼ （ページ/セクション区切りの挿入）→《段区切り》

11　脚注

用語の補足説明や専門用語の解説など、本文とは区別して記載したい内容がある場合は、「**脚注**」としてページや文書の最後にまとめて記載します。

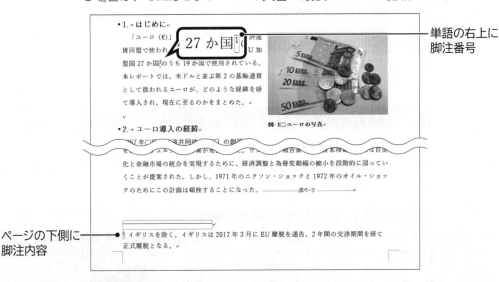

How to　脚注の挿入

◆脚注記号を挿入する位置にカーソルを移動→《参考資料》タブ→《脚注》グループの （脚注の挿入）→脚注内容を入力

12 ヘッダー・フッター

授業科目名や氏名など、すべてのページに同じ内容の文字を表示したい場合は、「ヘッダー」と「フッター」を指定します。ヘッダーはページの上部、フッターはページの下部にある余白部分の領域です。
ページ番号を追加すると、自動的にヘッダーまたはフッターに挿入されます。

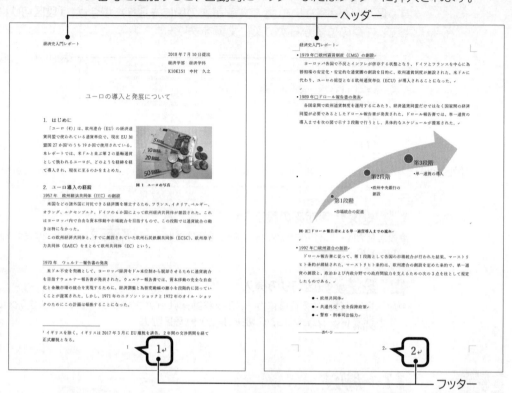

How to ヘッダー・フッターの挿入

◆《挿入》タブ→《ヘッダーとフッター》グループの [ヘッダー] （ヘッダーの追加）／[フッター] （フッターの追加）→《ヘッダーの編集》／《フッターの編集》→文字を入力

How to ページ番号の挿入

◆《挿入》タブ→《ヘッダーとフッター》グループの [ページ番号] （ページ番号の追加）→《ページの下部》→一覧から種類を選択

Point ▶▶▶

表紙にページ番号を表示しない

レポートに表紙を付ける場合、表紙にはページ番号は入れずに、2ページ目からページ番号を振ることができます。

How to 2ページ目からページ番号を表示

◆《挿入》タブ→《ヘッダーとフッター》グループの [フッター] （フッターの追加）→《フッターの編集》→《ヘッダー/フッターツール》の《デザイン》タブ→《オプション》グループの《☑先頭ページのみ別指定》→2ページ目以降のフッターにカーソルを移動→《ヘッダー/フッターツール》の《デザイン》タブ→《ヘッダーとフッター》グループの [ページ番号] （ページ番号の追加）→《ページ番号の書式設定》→《開始番号》を◉にし、「0」に設定

※フッターにページ番号が挿入されている状態で操作します。

13 文字カウント

レポートの文字数が指定されている場合、「**文字カウント**」を使うと、文書全体や選択した範囲の文字数を瞬時に確認できます。

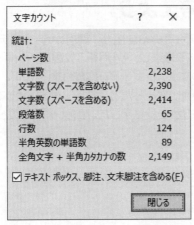

How to ➡ 文字数の確認

◆《校閲》タブ→《文章校正》グループの [文字カウント]（文字カウント）
※一部の範囲の文字数を確認する場合は、範囲を選択してから操作します。

14 スペルチェックと文章校正

レポートが完成に近づいたら、誤字や脱字、表記ゆれなどがないか全体を見直します。「**スペルチェックと文章校正**」を使うと、文書内の誤字や脱字、文体の統一、英単語のスペルミスなどをまとめて確認できます。レポートの仕上げとして実行します。

How to ➡ スペルチェックと文章校正の実行

◆文頭にカーソルを移動→《校閲》タブ→《文章校正》グループの [アイコン]（スペルチェックと文章校正）
→一覧から修正候補を選択→《変更》
※表記ゆれがある場合は、続けて《表記ゆれチェック》ダイアログボックスが表示されます。

Point ▶▶▶

文章校正の詳細設定

レポートをチェックする際は、校正のレベルを「通常の文」に変更したり、文体を「である調」に変更したりなど、詳細を設定します。

How to ➡ 文章校正の詳細設定

◆《ファイル》タブ→《オプション》→《文章校正》→
《Wordのスペルチェックと文章校正》の《設定》→
《文書のスタイル》や《文体》を設定
※カーソルが半角英数字の前にあると、英文用の詳細設定が表示されます。
※詳細設定後、スペルチェックと文章校正を実行します。

Let's Try レポートの問題点と改善案を考えよう

第1章 レポート作成力を磨く

1 どこが悪いか考えよう

「地域活性化システム論」を受講している学生が、講師から「食をテーマとしたイベントが地域にもたらす効果について考察し、A4用紙3枚程度のレポートにまとめなさい」という課題を出され、次のようなレポートを作成しました。

しかし、作成したレポートを講師に提出したところ、「レポートとしての形式を整えてから提出するように」と改善の指示を受けました。このレポートのどこに問題があるのかを考えてみましょう。

2018年7月10日提出
地域活性化システム論
社会学部　地域社会学科
F01M123　中野　佳奈子

「食」をテーマとしたイベントが地域にもたらす効果について

「食」をテーマとしたイベント（以下、「食のイベント」）と言えば、「全国うまいものグランプリ」（郷土料理を通して、町おこし活動No.1を競うイベント。正式名称は「全国ふるさとグルメで食の町おこし！うまいものグランプリ」。）が一世を風靡していたが、最近では、考え方の違いやイベント出店に伴うコストを理由に、主催元の「全国うまいものリーグ」（全国うまいもので食の町おこし団体連絡協議会の通称。）を退会する団体も現れ、町おこしイベントとしての意味合いが薄れるなどの問題が出始め、表1に示すように、「全国うまいものグランプリ」の来場者数も2013年をピークに年々減少しているようだ。

表1　全国うまいものグランプリ来場者数の推移

回	開催地	出店団体数	来場者数（人）
第1回（2008年）	三戸	11	150,000
第2回（2009年）	藤ノ山	23	260,000
第3回（2010年）	久留原	26	270,000
第4回（2011年）	横田	35	367,000
第5回（2012年）	薄木	43	430,000
第6回（2013年）	姫川	45	510,000
第7回（2014年）	南信州	39	410,000
第8回（2015年）	豊山	33	401,000
第9回（2016年）	郡森	30	353,000
第10回（2017年）	十和川	29	323,000

出典：「全国うまいものグランプリ」（ http://www.umaimono.xx/ ）

このように「全国うまいものグランプリ」の来場者数が減少傾向にある一方で、地域おこしを目的とした食のイベントは全国各地で展開されており、依然として熱い。「食のイベントに関するアンケート調査」の結果によると、3人に1人が最近1年間で食のイベントに足を運んだ経験があると回答し、食のイベントへの参加意向は、「行きたい」と「やや行きたい」を合わせて約8割にのぼりました。

食のイベントが地域にもたらした効果について、次の2つの事例を考察する。北山大通公

園を舞台に北海道の食文化を紹介した「北山さくらフェスタ」(2017年5月1日〜5月14日開催)には、2013年のスタート以来過去最高となる約100万人が訪れ、イベントをハブとして全国から集まった観光客に北海道各地への旅行を促すとともに、北海道各地を旅行する観光客を北山市に呼び込むなど、観光客誘引の大きな原動力となっている。また、葡萄畑やワイナリーを巡りながら、その土地の歴史や食文化を一緒に楽しむ旅スタイルのイベントである「NAGANOワイナリーツアー」は、2009年当初は長森市のみ、17ワイナリーが参加していたが、2017年には長森市、安野市、塩田市、岡本市、野原市の5市、35ワイナリーが参加するまでに成長した。1つの市で始めたイベントが5つの市にまで広がったことにより、エリアを効果的に移動できる循環バスが整備された。そのほか、長野ワインと日本料理の相性の良さからブランドイメージが定着し、長野ワインが楽しめるレストランなどの飲食店が県内に増加している。イベントをきっかけに、地域から全国的な情報発信が可能となることで、イベントそのものに限らず地域への注目度が高まり、認知度アップや多くの人を呼び込むことに成功している事例と言える。

このように食のイベントが果たす役割は大きく、その効果に期待する多くの市民団体が食のイベントを町おこしの起爆剤にしようと取り組んでいる。今後の食のイベントの広がりと参加団体の町おこし活動に引き続き注目していきたい。

＜参考文献・参考サイト＞
- 全国イベント協会（2017）「食のイベントに関するアンケート調査」『月間イベントマガジン 2017年10月1日号』，イベントマガジン社，p.12–13
- 村田仁志（2017）「地域の食文化と食のイベント」『ABCレポート No.18』，XYZリサーチ社，p.23
- 「全国うまいものグランプリ」社団法人全国うまいもので食の町おこし団体連絡協議会（ http://www.umaimono.xx/ ）

問題点を考えよう

2 問題点を改善して作り直そう

1で考えた問題点をふまえ、次の条件に従ってレポートを作り直しましょう。

<条件>
① 表紙を付け、提出日と授業科目名をページの右上、レポートのタイトルをページの中央、所属と氏名をページ下部の中央に配置する。
② 指定された枚数から±1/2程度の範囲を目安にまとめる。
③ タイトルはレポート内容を端的に表現したものにする。
④ 序論、本論、結論で構成し、それぞれに次の見出しを立て、見出しの前には番号を振る。

> 序論：1. はじめに
> 本論：2.「全国うまいものグランプリ」から食のイベントへ
> 　　　3. 食のイベントによる地域活性化
> 結論：4. おわりに

⑤ 序論には、次の内容を入れる。

> ●「全国うまいものグランプリ」の来場者数は減少傾向にあるが、食のイベントは全国各地で積極的に展開されていること。
> ● 本レポートでは、食のイベントが地域にどのような効果をもたらすのかについて述べていくこと。

⑥ 食のイベントの参加意向について、「アンケート.xlsx」のグラフを図として貼り付けること。図のタイトルは、「図1　食のイベントへの参加意向」とする。
⑦ 2つの事例は、箇条書きをうまく利用し、それぞれの内容が簡潔に伝わるようにまとめる。
⑧ 2つの事例の効果を裏付けるデータとして、次の情報を表にまとめる。
また、それぞれの表には適切なタイトルと出典元を記載する。データは、全日本統計社のホームページ「全日本統計データ」(http://www.toukei.xx/) から入手したものとする。

■5月に北山市を訪れた観光客の人数
2012年　2,066,000人
2013年　2,212,000人（前年同月比107.1%）
2014年　2,161,000人（前年同月比97.7%）
2015年　2,341,000人（前年同月比108.3%）
2016年　2,387,000人（前年同月比102.0%）
2017年　2,561,000人（前年同月比107.3%）

■長野県で長野ワインを扱っている飲食店の数
2009年　2,312
2011年　2,455（前年比103.2%）
2013年　2,512（前年比101.0%）
2015年　2,715（前年比103.5%）
2017年　2,801（前年比101.2%）

⑨ レポート全体を通して、である調で統一する。
⑩ レポートの本文は適切な段落に分ける。
⑪ 曖昧な表現は避け、客観的事実については断定的な表現を使う。
⑫ 補足説明は脚注を使用し、脚注は各ページの最後に記載する。
⑬ 文献リストには、参考サイトの閲覧日として「2018年7月1日」を追加する。

Challenge 課題に取り組もう

1 課題に取り組もう

次の条件に従って、過去に読んで感動した本について紹介するレポートを作成してください。

＜条件＞

①A4用紙に2,000文字程度でまとめる。

②提出日、所属、氏名を入れる。

③レポートの内容を端的に表す適切なタイトルを付ける。

④作者の生い立ちや、作者が生きた時代について調べ、作品が生まれた背景を考える。

⑤作品のテーマ（作者が最も伝えたかったこと）を考え、問題提起をする。

⑥序論、本論、結論で構成し、それぞれに見出しを立てる。

⑦本論では、信頼性の高い根拠に基づいて自分の考えを述べる。

構成を書いてみよう

2 振り返って評価しよう

次の評価シートに従って、自分で作成した課題を評価しましょう。

<評価シート>

	評価項目	レベル 4（目標以上）	レベル 3（目標達成）	レベル 2（あと少し）	レベル 1（努力が必要）	評価
1	形式	A4用紙を使用し、提示された文字数から±10%の範囲を目安にまとめ、読みやすいフォントが使われている	A4用紙を使用し、提示された文字数から±10%の範囲を目安にまとめている	A4用紙を使用しているが、文字数が大幅に超えているか大幅に少ない	A4用紙を使用していない	
2	表紙	提出日、所属、氏名をバランスよく記載した表紙を付け、左上を綴じている	提出日、所属、氏名を記載した表紙を付け、左上を綴じている	表紙を付けているが、提出日、所属、氏名に記入漏れがある	表紙を付けていない	
3	タイトル	レポートの内容を端的に表現し、興味を引くタイトルが付いている	レポートの内容を端的に表現したタイトルが付いている	「過去に読んで感動した本について」など、与えられた課題がそのままタイトルになっている	タイトルが付いていない	
4	構成	序論、本論、結論で構成し、それぞれに適切な見出しを立て、見出しの前には番号を振っている	序論、本論、結論で構成し、それぞれに見出しを立てている	序論、本論、結論で構成しているが、それぞれに見出しを立てていない	序論、本論、結論で構成されていない	
5	調査	作者や作品のなりたちについて十分に調査してあり、調査結果に基づいて論理的にわかりやすく説明している	作者や作品のなりたちについて十分に調査してあり、調査結果に基づいて論理的に説明している	調査した量や内容は十分だが、論理的に説明できていない	調査した量や内容が不十分である	
6	文体	である調に統一し、同じ語尾が続かないように工夫しており、表記も全体を通して統一している	である調に統一し、表記も全体を通して統一している	である調に統一しているが、表記のばらつきが目立つ	ですます調とである調が混在している	
7	わかりやすい文章	主語と述語を明確に記載しており、文の長さや読点の使い方も適切で、誤字や脱字がない	主語と述語を明確に記載しており、文の長さや読点の使い方も適切である	主語と述語の関係が曖昧な箇所があり、文の長さや読点の使い方にも工夫がほしい	主語がない箇所が目立ち、文の長さや読点の使い方が不適切で全体的に読みにくい	
8	段落	適切に段落が分かれており、1つの段落は5文以下になっている	適切に段落が分かれている	意味や内容のまとまりごとに文章を区切っていない	段落が分かれていない	
9	事実と意見	事実に基づいて意見をわかりやすく述べている	事実と意見を明確に区別している	事実と意見が判別しにくい	自分の意見を事実のように述べている	
10	引用	文献リストと対比しやすいように記載している	引用した文章を正しい方法で記載している	引用した文章を「　」で囲んでいない	引用した文章を自分の意見のように記載している	
11	結論	問題提起に対する答えを記載し、自分の意見をアピールできている	問題提起に対する答えを記載している	問題提起に対する明確な答えを記載していない	結論がよくわからない	
12	文献リスト	文献リストを正しい形式で記載し、本文と対比しやすい	文献リストを正しい形式で記載している	文献リストの形式が整っていない	文献リストがない	

第1章　レポート作成力を磨く

第2章

データ活用力を磨く

Check	この章で学ぶこと	50
Step1	データとはどんなもの？	51
Step2	データから傾向を読み取ろう	53
Step3	グラフを使ってデータを視覚化しよう	60
Step4	データ活用に便利なExcelの機能	66
Let's Try	表とグラフの問題点と改善案を考えよう	78
Challenge	課題に取り組もう	81

Check! この章で学ぶこと

学習前に習得すべきポイントを理解しておき、
学習後には確実に習得できたかどうかを振り返りましょう。

1	データとは何かについて理解し、説明できる。	☑☑☑	→ P.51
2	定量データと定性データの違いを理解し、説明できる。	☑☑☑	→ P.52
3	データ活用の流れを理解し、説明できる。	☑☑☑	→ P.53
4	並べ替えやグループ化の特徴を理解し、説明できる。	☑☑☑	→ P.54
5	計算の種類や特徴を理解し、説明できる。	☑☑☑	→ P.56
6	集計の種類や特徴を理解し、説明できる。	☑☑☑	→ P.58
7	グラフを使って、データを視覚化する利点を理解し、説明できる。	☑☑☑	→ P.60
8	数値を比較するのに適したグラフの種類を理解し、説明できる。	☑☑☑	→ P.61
9	推移を見るのに適したグラフの種類を理解し、説明できる。	☑☑☑	→ P.61
10	比率を見るのに適したグラフの種類を理解し、説明できる。	☑☑☑	→ P.62
11	分布を見るのに適したグラフの種類を理解し、説明できる。	☑☑☑	→ P.63
12	バランスを見るのに適したグラフの種類を理解し、説明できる。	☑☑☑	→ P.64
13	グラフの効果的な表現方法を理解し、説明できる。	☑☑☑	→ P.64
14	データ活用に便利なExcelの機能について理解し、実際に操作できる。	☑☑☑	→ P.66

Step1 データとはどんなもの？

1 データとは

「データ」とは、物事を判断したり推測したりするときのもとになる情報や事実、資料のことです。実験や調査などを通して得た数値の集まりであることもあれば、インタビューや観察などを通して収集された文字の集まりであることもあります。

例えば、「商品Bは商品Aより果汁がたっぷり入っているので、より濃厚な味わいを楽しめます」という説明より、「商品Aは果汁30％なのに対し、商品Bは果汁100％で、より濃厚な味わいを楽しめます」という説明の方が説得力があります。また、「商品Aについては不満の声が非常に多くありました」という説明より、「商品Aについては、フルーツの味がしない、すっきりしすぎて印象に残らない、こだわりが感じられないといった意見が聞かれました」という説明の方がより具体的で納得できます。

このように、相手に伝えたい内容が正しいことを裏付けるのがデータです。信頼性の高い具体的なデータがあると、相手は納得しやすくなります。

2 データの種類

伝えたい内容が正しいことを裏付けるためのデータには、「量を示すもの」と「特性や質を示すもの」があり、その性質の違いによって「定量データ」と「定性データ」の2種類に分類されます。どちらであっても、データを取得するためのプロセスが信頼できるものであれば、そのデータをもとにした判断や推測は精度の高いものになります。データを活用する際は、データの特性を把握し、状況に応じて使い分けます。

■定量データ

定量データとは、数値で表現されたデータのことです。そのため、合計したり、平均したり、データの大小を比較したりすることが容易に行えます。収集したデータの特徴を端的に表現でき、客観性の高い判断がしやすくなります。

<定量データの例>
- 体重や身長などの身体データ
- 年齢や学年などの属性データ
- 気温や室温などの気象データ
- 緯度・経度などの位置データ
- 原価率や売上高などの経営データ

■定性データ

定性データとは、文章や画像、動画などのように、数値で表現できないデータのことです。定量データのように、単純に合計したり、平均したり、大小を比較したりすることができません。そのため、集計や分類に比較的時間がかかるだけでなく、データを扱う人の感情や感覚によって、データをもとにした判断や推測に差が出やすいという特徴があります。しかし、数値だけでは読み取れないようなヒントや気づきを得ることもできます。

<定性データの例>
- 購入に至った理由
- 性格や血液型
- 好きなスポーツ
- 商品を使用した感想
- 所属する大学や学部・学科
- SNSのコメント

Step2 データから傾向を読み取ろう

1 データの活用

データはただ集めるだけでは意味がありません。何らかの目的を持って収集したデータを合計したり、平均値を求めたり、大小を比較したり、グループに分けたりして整理すると、そこから一定の傾向を読み取ることができるようになります。
このようにデータを整理することで、結果を確認したり、作業の改善に役立てたり、実験の予測や計画を立てたりすることができます。
収集したデータは、定量データであるか定性データであるかにかかわらず、まずはリスト形式の表にまとめます。リスト形式の表にまとめることにより、大小や順序、属性などが整理され、直感的に把握しやすくなります。

データ活用の流れは、次のとおりです。

❶ 目的を設定する

・何が問題かを考え、問題を明らかにするためには、どのような情報が必要かを検討する。

❷ データを収集する

・目的に合ったデータを収集する。

❸ データを整理する

・収集したデータをリスト形式の表にまとめる。
・データからどのような情報を得たいかを考え、データを整理する手法を検討する。

手法	説明
並べ替え	ある一定の条件に従ってデータを入れ替える。
グループ化	類似性の高いデータを見つけて分類する。
合計	複数あるデータを足し合わせた数値を求める。
平均	複数あるデータを足し合わせて、その個数で割った数値を求める。
最大値	複数あるデータの中で最も大きい値を求める。
最小値	複数あるデータの中で最も小さい値を求める。
単純集計	あるひとつの項目をもとにデータを集計する。
クロス集計	複数の項目を加味してデータを集計する。

❹ 傾向を読み取る

・データの特性を把握する。

❺ 評価する

・得られた結果をもとに報告や改善、提案などを行う。

> **Point ▶▶▶**
>
> ### リスト形式の表
>
> 「リスト」とは、次のような構成の表のことです。先頭行にデータを分類する見出しを付け、データを横1行で管理します。この形式の表は「データベース」ともいいます。
> このような形式にデータをまとめておくと、並べ替えやデータの抽出、集計などを使って、データを整理しやすくなります。
>
>
>
> **<リスト形式の表を作成するときの注意点>**
> ・1枚のシートに1つの表を作成し、表の周囲にはデータを入力しない
> ・先頭行は列見出しにする
> ・列見出しはレコードと異なる書式にする
> ・フィールドには同じ種類のデータを入力する
> ・1件分のデータは横1行で入力する

2 データを並べ替える

収集したデータそのままでは、日付が前後していたり、数値の高いものと低いものとが混在していたりして、データの特徴を把握するのに時間がかかってしまいます。データの傾向を読み取るためには、最初に「並べ替え」や「グループ化」を行うとよいでしょう。並べ替えやグループ化を行うと、グループごとの特徴や、データとデータの関係性が見えてくることがあります。

■並べ替え

並べ替えとは、データを数値順や五十音順、日付順、名簿順、売上順など、ある一定の条件に従って入れ替えることです。「ソート」ともいいます。並べ替えを行うと、データの並び順によって、どのような傾向があるかが見えてきます。
並べ替えの順序には、「昇順」と「降順」があります。数値を小さいものから大きいものへと並べ替えることを昇順、大きいものから小さいものへと並べ替えることを降順といいます。
例えば、開催日の昇順に並んでいるセミナーのリストを「受講率」が高い順に並べ替えてみると、受講率が高いセミナーにどのような傾向があるかを見ることができます。

この例では、受講率が高いセミナーの多くは、週末に開催されているということが見えてきます。

<例>

No.	開催日	曜日	セミナー名	受講率
1	4/3	火曜日	日本料理応用	95%
2	4/4	水曜日	イタリア料理基礎	90%
3	4/5	木曜日	日本料理応用	75%
4	4/5	木曜日	フランス料理基礎	87%
5	4/6	金曜日	日本料理基礎	80%
6	4/6	金曜日	和菓子専門	80%
7	4/7	土曜日	洋菓子専門	70%
8	4/7	土曜日	フランス料理基礎	100%
⋮	⋮	⋮	⋮	⋮

→

No.	開催日	曜日	セミナー名	受講率
8	4/7	土曜日	フランス料理基礎	100%
17	4/13	金曜日	日本料理応用	100%
20	4/15	日曜日	日本料理基礎	100%
31	4/22	日曜日	イタリア料理基礎	100%
33	4/22	日曜日	和菓子専門	100%
1	4/3	火曜日	日本料理応用	95%
21	4/15	日曜日	フランス料理基礎	95%
9	4/7	土曜日	イタリア料理基礎	93%
⋮	⋮	⋮	⋮	⋮

Point ▶▶▶

昇順と降順

データの種類によって、昇順と降順の並び順は次のようになります。

●昇順

データ	順序
数値	0→9
英字	A→Z
日付	古→新
かな	あ→ん

●降順

データ	順序
数値	9→0
英字	Z→A
日付	新→古
かな	ん→あ

■グループ化

「グループ化」とは、同じ種類のデータを見つけて分類することです。グループ化を行うと、同じ種類のデータが集まり、グループごとにどのような傾向があるかが見えてきます。

例えば、ストレス解消法を年代別にグループ化してみると、それぞれの年代でストレス解消法にどのような傾向があるかを見ることができます。

<例>

年代	性別	ストレス解消法
20~30代	女性	買い物をする
10代	女性	友人と遊ぶ
40代以上	男性	お酒を飲む
10代	男性	友人と遊ぶ
10代	女性	友人と遊ぶ
40代以上	男性	お酒を飲む
20~30代	女性	買い物をする
20~30代	男性	買い物をする
40代以上	女性	旅行をする
⋮	⋮	⋮

→

年代	性別	ストレス解消法
10代	男性	友人と遊ぶ
10代	女性	友人と遊ぶ
10代	女性	友人と遊ぶ
20~30代	男性	買い物をする
20~30代	女性	買い物をする
20~30代	女性	買い物をする
40代以上	男性	お酒を飲む
40代以上	男性	お酒を飲む
40代以上	女性	旅行をする
⋮	⋮	⋮

3 データを計算する

ある条件に基づいて分類されたデータの集まりを計算することによって、対象となるデータの集まりがどのような特徴を示しているのかが見えてきます。
計算方法には、次のような種類があります。

■合計

「合計」とは、複数あるデータを足し合わせた数値を求めることです。合計を求めることで、全体としての数値の大きさを把握したり、比較したりすることができます。
例えば、あるホームページのアクセス数を合計すると、1か月間でどの程度アクセスがあったかが直観的に把握できるようになり、目標に設定していたアクセス数とも比較しやすくなります。

日付	アクセス数
1/1	259
1/2	339
1/3	42
1/4	46
1/5	45
1/6	214
⋮	⋮
1/31	223

1月の合計アクセス数 : 5,649

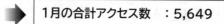 比較しやすい

1か月の目標アクセス数 : 5,000

■平均

「平均」とは、複数あるデータを足し合わせて、データの個数で割った数値を求めることです。ただし、大きすぎる数値や小さすぎる数値が混在していると大きく影響を受けます。平均を求めることで、全体の中心的な位置がわかります。
例えば、あるホームページの1年間のアクセス数を平均すると、特定の月がほかの月に比べて、アクセス数が多かったのか少なかったのかを判断しやすくなります。

月	アクセス数
1月	5,649
2月	5,899
3月	6,155
4月	5,238
5月	5,443
6月	6,033
7月	6,258
8月	5,985
9月	5,776
10月	5,431
11月	5,588
12月	6,799

1か月の平均アクセス数 : 5,855

■最大値・最小値

「最大値」とは、複数あるデータの中で最も大きい数値のことです。「最小値」とは、複数あるデータの中で最も小さい数値のことです。最大値や最小値を求めることで、データ間で数値の大きさにどの程度の開きがあるのかが見えてきます。また、最大値や最小値が平均値とどの程度の開きがあるのかがわかり、平均値を評価する際の参考にもなります。
次の例のように、平均値が同じであっても、最大値と最小値に開きがある場合と開きが少ない場合とがあり、データから読み取れる内容も異なってきます。

<最大値・最小値に開きがある場合の例>

月	アクセス数
1月	3,544
2月	5,489
3月	9,515
4月	5,222
5月	6,076
6月	5,932
7月	5,981
8月	5,754
9月	5,325
10月	6,241
11月	5,821
12月	5,354

1か月の平均アクセス数：5,855

1か月の最大アクセス数：9,515

↕ 開きがある

1か月の最小アクセス数：3,544

<最大値・最小値に開きが少ない場合の例>

月	アクセス数
1月	5,649
2月	5,899
3月	6,155
4月	5,238
5月	5,443
6月	6,033
7月	6,258
8月	5,985
9月	5,776
10月	5,431
11月	5,588
12月	6,799

1か月の平均アクセス数：5,855

1か月の最大アクセス数：6,799

↕ 開きが少ない

1か月の最小アクセス数：5,238

■その他の計算

合計や平均、最大値、最小値といった計算以外に、データの傾向を見るために次のような計算が使われます。

計算	説明	計算方法
構成比	全体に対して、各要素が占める割合を求める。	要素の値÷全体の値×100
前同比	今回の値が前回の値に対して、どの程度の割合であるかを表す比率を求める。	今回の値÷前回の値×100
増加率／減少率	ある時点の数値が現時点までに、どの程度増加／減少したかを表す比率を求める。	(現時点の数値－ある時点の数値)÷ある時点の数値×100
達成率	目標値に対して、実績値がどの程度達成したかを表す比率を求める。	実績値÷目標値×100

※Excelなどの表計算ソフトでパーセントスタイルの表示形式を設定する場合は、「×100」は省略します。

4 データを集計する

データを集計する方法は、「単純集計」と「クロス集計」の2種類に分類されます。それぞれの集計方法は、次のとおりです。

■単純集計

「単純集計」とは、ある1つの項目をもとにデータを集計することです。単純集計を行うことによって、特定の項目をもとにデータを整理でき、特定の項目がデータに与えている影響が見えてきます。
例えば、商品A、B、Cに関する1か月間の問い合わせ件数のデータを単純集計した場合、どの商品にどの程度問い合わせがあったのかがひと目でわかり、比較しやすくなります。

<例>

サポート日付	問い合わせ内容	問い合わせ件数
5/2	商品A	10件
5/2	商品C	12件
5/5	商品B	2件
5/10	商品A	5件
5/12	商品A	8件
5/17	商品A	9件
5/25	商品B	1件

→

サポート日付	問い合わせ内容	問い合わせ件数
5/2	商品A	10件
5/10	商品A	5件
5/12	商品A	8件
5/17	商品A	9件
	商品A 集計	32件
5/5	商品B	2件
5/25	商品B	1件
	商品B 集計	3件
5/2	商品C	12件
	商品C 集計	12件

■クロス集計

1つの項目をもとにデータを集計する単純集計に対し、「クロス集計」とは、複数の項目を使ってデータを集計することです。クロス集計では、縦軸と横軸に集計したい項目を配置して、集計表を作成します。縦軸と横軸が交わる（クロス）する部分の合計や平均を求めることから、クロス集計といいます。クロス集計を行うことによって、複数の項目間の関係性が見えてきます。

例えば、複数のイベントで取得したアンケートをイベントごとに同伴者の種類別に集計すると、イベントAは一人で訪れる人より家族や友人と訪れる人が多いが、イベントBは一人で訪れる人が多いといった傾向が読み取れます。

また、集計する項目を変えて、年代ごとに来場したきっかけで集計すると、20代はホームページから情報を収集している人が多いといった傾向が読み取れます。

<例>

No.	イベント名	年齢	性別	同伴者	来場のきっかけ
1	イベントA	20歳	男	一人	ホームページ
2	イベントA	35歳	女	家族	テレビ
3	イベントB	28歳	女	友人	ホームページ
4	イベントA	29歳	男	家族	友人
5	イベントB	41歳	女	友人	チラシ
6	イベントA	20歳	男	一人	ホームページ
7	イベントC	35歳	女	家族	テレビ
8	イベントC	28歳	女	友人	ホームページ
9	イベントA	29歳	男	家族	友人
10	イベントB	41歳	女	友人	チラシ
⋮	⋮	⋮	⋮	⋮	⋮

●イベントごとに、同伴者の種類で集計

	一人	家族	友人	総計
イベントA	161	852	561	1,574
イベントB	780	126	355	1,261
イベントC	432	357	244	1,033
総計	1,373	1,335	1,160	3,868

●年代ごとに、来場したきっかけで集計

	ホームページ	テレビ	チラシ	友人	総計
20代	754	181	187	426	1,548
30代	341	356	375	334	1,406
40代	132	335	369	78	914
総計	1,227	872	931	838	3,868

Step3 グラフを使ってデータを視覚化しよう

1 グラフ

データを活用するためには、収集したデータを表にまとめるだけでなく、データを視覚化することも重要です。数値を眺めているだけでは、対象となるデータにどのような傾向があるのか、直感的に読み取れません。「グラフ」は、数値の大小や変動を直感的に伝えるのに便利な表現方法です。グラフにすると、数値を視覚的に印象付けることができ、数値の差が大きいのか小さいのか、緩やかな変化なのか急激な変化なのかといったことをひと目で理解できます。

全顧客数とリピート顧客数の推移

	全顧客数	リピート顧客数
2016年度 第1四半期	3,464人	1,586人
2016年度 第2四半期	3,551人	1,701人
2016年度 第3四半期	3,641人	1,851人
2016年度 第4四半期	3,401人	1,382人
2017年度 第1四半期	3,408人	1,355人
2017年度 第2四半期	3,651人	1,398人
2017年度 第3四半期	3,781人	1,401人
2017年度 第4四半期	3,416人	1,201人
合計	28,313人	11,875人

数値を視覚化

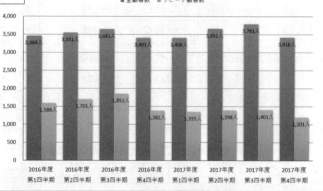

Point ▶▶▶

グラフの特徴

グラフは、種類によって特徴が異なります。伝えたい内容に適したグラフの種類を選択しましょう。

伝えたい内容	グラフの種類
大小関係を表す	縦棒グラフ、横棒グラフ
内訳を表す	円グラフ、帯グラフ
時間の経過による推移を表す	折れ線グラフ、面グラフ
複数項目の比較やバランスを表す	レーダーチャート
分布を表す	散布図

第2章 データ活用力を磨く

2 数値を比較する

複数の項目間の数値を比較するのに適しているのは「**棒グラフ**」です。棒グラフは、データの大きさを棒の長さで把握できます。項目間で数値を比較するだけでなく、データの変化を読み取ることもできます。棒グラフの種類には、グラフの方向の違いによって「**縦棒グラフ**」と「**横棒グラフ**」があるほか、2つ以上の棒グラフを並べて表現する「**集合棒グラフ**」や、1本の棒の中に複数の項目を積み上げて表現する「**積み上げ棒グラフ**」などもあります。同一グループ内で複数の項目を比較したいときは集合棒グラフを使い、グループごとの合計値と内訳を同時に比較したいときは、積み上げ棒グラフを使います。

縦棒グラフ

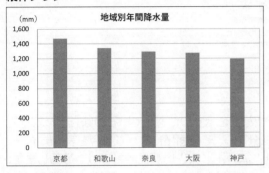

横棒グラフ

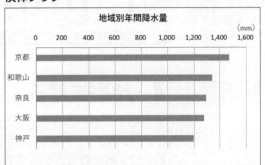

集合棒グラフ

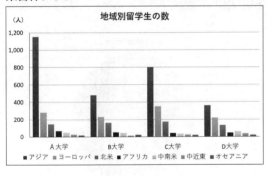

積み上げ棒グラフ

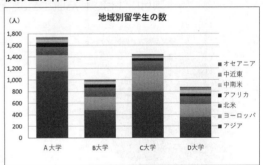

3 推移を見る

時系列での数値の変化を見るのに適しているのは「**折れ線グラフ**」です。線の傾きでデータの増減を把握できます。線の数が多くなる場合は、区別がつきやすいように、色を工夫したり、実線と破線を使い分けたりして、グラフを見やすくします。

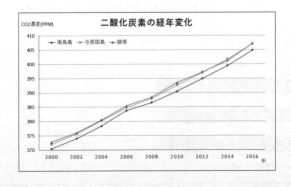

Point ▶▶▶

複合グラフ

異なる種類のグラフを組み合わせたものを「複合グラフ」といいます。複合グラフで最も多いパターンは、棒グラフと折れ線グラフの組み合わせです。例えば、降水量と気温といった別の項目を同時に比較したいときに使います。

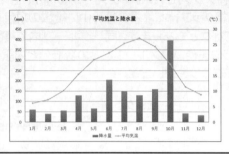

4　比率を見る

全体の中に占める各項目の比率や内訳を示すのに適しているのは「円グラフ」です。円グラフは、1つの円を扇形に分割し、その面積によって割合を表します。一般的に、割合の大きい要素を右上に配置し、大きい順に時計回りで配置します。ただし、「その他」の項目は、どんなに値が大きくても最後に配置します。特定の項目に注目させたいときは、扇形を切り出して表示することもあります。

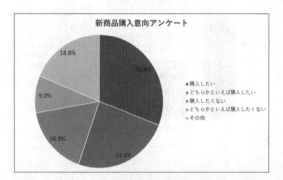
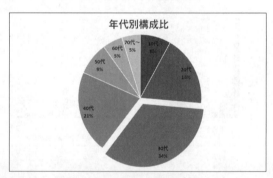

Point ▶▶▶

帯グラフ

「帯グラフ」も、各項目の比率や内訳を示すのに適したグラフです。帯グラフは、時系列で構成比の変化を表したり、地域ごとに構成比を表したりする場合に使います。棒グラフと形状が似ていますが、棒の長さがすべて同じである点が特徴です。帯グラフは、「100%積み上げ棒グラフ」ともいいます。

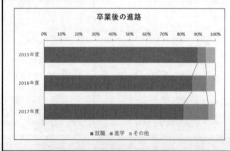

5 分布を見る

データの分布状況を示すのに適しているのは「**散布図**」です。散布図は、2つの属性値を縦軸と横軸にとって値をプロットするグラフです。データ間の相関関係を見ることができます。「**相関関係**」とは、ある属性の値が増加すると、もう一方の属性の値が増加または減少するような関係のことです。

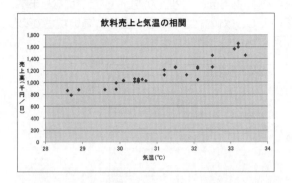

Point ▶▶▶

散布図の相関関係

散布図はデータの分布状況によって、「正の相関」「負の相関」「無相関」の3つのパターンに分類します。

正の相関のグラフからは、暑い日には清涼飲料水がたくさん売れるということがわかります。負の相関のグラフからは、暑い日はホット飲料の売上が悪いということがわかります。無相関のグラフからは、気温と雑誌の売上との関係にはお互い相関関係がないということがわかります。

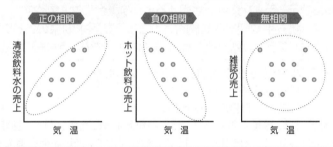

Point ▶▶▶

ヒストグラム

「**ヒストグラム**」も、データの分布を見るのに適したグラフです。ヒストグラムは、横軸には区間、縦軸にはデータ件数を表示し、データの全体像、中心の位置、ばらつきの大きさなどを確認できます。人口や成績などの傾向把握や異常値の発見によく使われます。

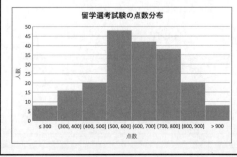

6　バランスを見る

3つ以上の項目を比較し、全体のバランスを示すのに適しているのは、「レーダーチャート」です。多角形のグラフで表現するのが一般的で、その形状から「クモの巣グラフ」ともいいます。

レーダーチャートは、中心点から距離が離れるほど数値が大きいことを示し、項目間で数値にばらつきがあるほど、凹凸の激しいグラフになります。また、全体のバランスがとれていても、数値が全体で低い場合と高い場合があり、それぞれグラフから読み取れる意味合いが異なります。

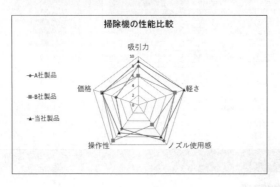

7　グラフの効果的な表現方法

グラフにちょっとした配慮や工夫をすることで、言葉でわざわざ説明する必要のない、さらに見やすいグラフを作成できます。また、作成したグラフをレポートやプレゼンテーション資料で活用するような場合には、見やすい、わかりやすいだけでなく、読み手や聞き手を納得させるような訴求効果のあるグラフにする必要があります。グラフの効果的な表現方法には、次のようなものがあります。

- ●グラフの内容を表現した簡潔なタイトルを付ける
- ●凡例や軸の名称などを表示する
- ●必要に応じて、目盛線を表示する
- ●目盛線は、数値の差異がひと目でわかるように適切な間隔を設定する
- ●必要に応じて、吹き出しや引き出し線を付けて、補足説明を追加する

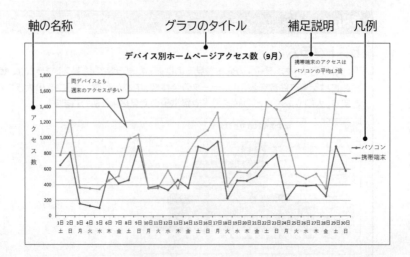

Point ▶▶▶

効果的なグラフの使い分け

数値をグラフで表現する場合は、主張したい内容に合わせてグラフを使い分けることが重要です。同じ数値を表現する場合でも、何を主張したいかによって、それを適切に表現できるグラフは異なります。

例えば、学生食堂のランチの販売数について「Aランチが一番売れている」ことを主張するのか、「Aランチの販売数はランチ全体の半数近くを占める」ことを主張するのかによって、選択すべきグラフには次のような違いがあります。

●学生食堂のAランチが一番売れている

特に2位のBランチとの差がわずかである場合は、円グラフではAランチが1位であるということが把握できません。このような場合は、棒グラフで表現するとよいでしょう。

<例>

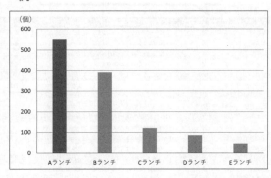

●学生食堂のAランチの販売数はランチ全体の半数近くを占める

棒グラフでは、Aランチの販売数がランチ全体の半数近いということが把握できません。このような場合は、円グラフで表現するとよいでしょう。

<例>

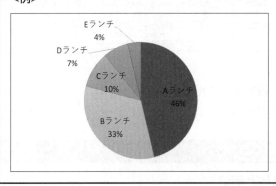

Step4 データ活用に便利なExcelの機能

1 テーブル

表を「テーブル」に変換すると、自動的に罫線や塗りつぶしなどが設定され、瞬時に表全体の見栄えを整えることができます。
また、列見出しにフィルターボタンが表示されるので、このボタンを使って並べ替えたり条件に合うものを抽出したりすることができ、データを確認しやすくなります。

▼(フィルターボタン)を使って、データの並べ替えや抽出ができる

表全体の見栄えが整う

How to ➡ 表をテーブルに変換

◆表内のセルを選択→《挿入》タブ→《テーブル》グループの (テーブル)

Point ▶▶▶

データの追加と削除

テーブルにデータを追加したり削除したりすると、テーブルの範囲が自動的に調整され、書式が再設定されます。

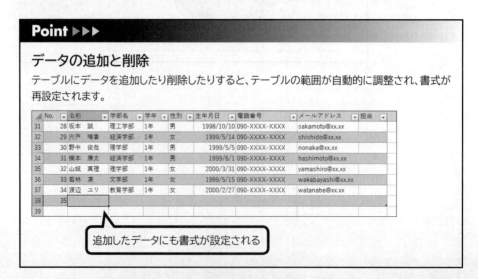

追加したデータにも書式が設定される

2 並べ替え

名簿を氏名の五十音順で表示する、学年順で表示するといったように、ある基準に従ってデータを表示するには、「並べ替え」を使います。
並べ替えは、テーブルのフィルターボタンを使って、簡単に実行できます。

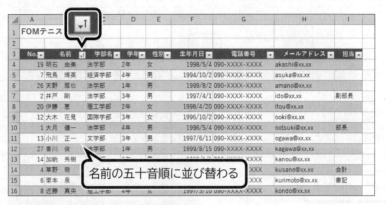

名前の五十音順に並び替わる

How to ▶ 並べ替えの実行
◆キーとなる列の列見出しの ▼ →《昇順》／《降順》

Point ▶▶▶

テーブルに変換していない場合の並べ替え
表をテーブルに変換していなくても、データを並べ替えることができます。

How to ▶ 並べ替えの実行
◆キーとなる列のセルを選択→《データ》タブ→《並べ替えとフィルター》グループの ▲↓ (昇順)／ ▼↓ (降順)

Point ▶▶▶

表を元の順序に戻す
並べ替えを実行したあと、表を元の順序に戻す可能性がある場合、連番を入力したフィールドをあらかじめ用意しておきます。また、並べ替えを実行した直後であれば、↶（元に戻す）で元に戻ります。

Point ▶▶▶

複数キーによる並べ替え
複数のキーで並べ替えるには、《並べ替え》ダイアログボックスを使います。

❶ レベルの追加
並べ替えの基準を追加します。

❷ レベルの削除
並べ替えの基準を削除します。

How to ▶ 複数キーによる並べ替え
◆表内のセルを選択→《データ》タブ→《並べ替えとフィルター》グループの 🔲（並べ替え）→《最優先されるキー》を設定→《レベルの追加》→《次に優先されるキー》を設定

3 フィルター

女性のデータだけを抽出したい、誕生日が5月の人のデータだけを抽出したいといったように、条件を満たすデータだけに絞り込んで表示するには、「フィルター」を使います。
フィルターは、テーブルのフィルターボタンを使って、簡単に実行できます。

該当するデータが抽出される

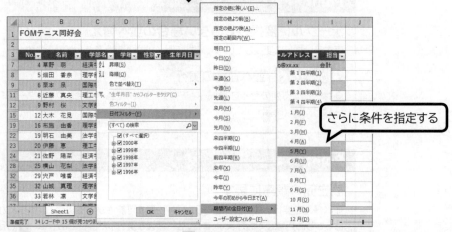

両方の条件を満たしたデータが抽出される

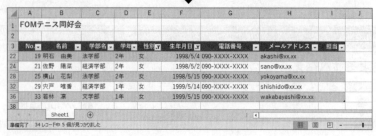

How to フィルターの実行

◆列見出しの ▼ →条件を設定

Point ▶▶▶

テーブルに変換していない場合のフィルター

表をテーブルに変換していなくても、フィルターを実行できます。

How to ● フィルターの実行

◆表内のセルを選択→《データ》タブ→《並べ替えとフィルター》グループの (フィルター)→列見出しの →条件を設定

Point ▶▶▶

フィルターの条件のクリア

フィルターの条件は、すべての条件をまとめて解除したり、列見出しごとに解除したりできます。

How to ● 条件のクリア

|すべての条件のクリア|

◆テーブル内のセルを選択→《データ》タブ→《並べ替えとフィルター》グループの (クリア)

|列見出しごとの条件のクリア|

◆列見出しの →《"列見出し"からフィルターをクリア》

Point ▶▶▶

テーブルに集計行を表示する

テーブルの最終行に集計行を表示すると、列ごとにデータを集計できます。フィルターを実行している場合は、抽出結果だけが集計されます。集計行のセルを選択したときに表示される をクリックすると、「平均」「個数」「最大」「最小」「合計」などの集計方法を選択できます。

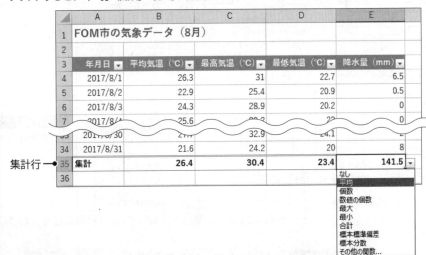

集計行→35

How to ● 集計行の表示

◆テーブル内のセルを選択→《デザイン》タブ→《テーブルスタイルのオプション》グループの《☑集計行》

4 ピボットテーブル

調査結果や実験結果のデータは大量になることも多く、それらを項目ごとに集計するのは大変です。「ピボットテーブル」を使うと、日付ごとに集計したり、名称ごとに集計したりなど、項目を入れ替えるだけで様々な視点に切り替えて集計できます。また、ピボットテーブルでは、2つ以上の項目をもとにクロス集計が行えます。

公務員になる人は、法学部が多いことがわかる！

法学部は、ほかの業種と比較しても、公務員になる人が多い！

How to ピボットテーブルの作成

◆表内のセルを選択→《挿入》タブ→《テーブル》グループの (ピボットテーブル)→データの範囲と配置場所を設定→《ピボットテーブルのフィールド》作業ウィンドウの各エリアにフィールドをドラッグ

Point ▶▶▶

詳細データの表示

ピボットテーブルの値エリアにある数値をダブルクリックすると、その数値の内訳が新しいワークシートで確認できます。

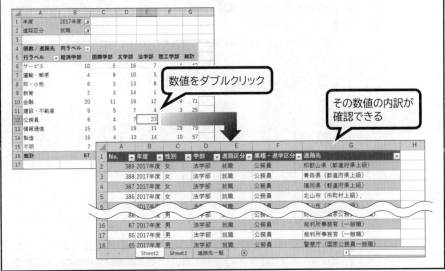

Point ▶▶▶

集計方法の変更

値エリアの集計方法は、値エリアに配置するデータの種類によって異なります。初期の設定では、データの種類が数値の場合は「合計」、文字や日付の場合は「個数」が集計されます。
集計方法は、平均、最大値、最小値などに変更できます。また、全体に対する比率や、列や行に対する比率に変更することもできます。

How to ⊕ 集計方法の変更

◆値エリアのセルを選択→《分析》タブ→《アクティブなフィールド》グループの
（フィールドの設定）→《集計方法》タブ／《計算の種類》タブ→計算の種類を選択

Point ▶▶▶

データの更新

作成したピボットテーブルは、もとの表と連動しています。もとの表のデータを変更した場合は、ピボットテーブルのデータを更新して、最新の集計結果を表示します。

How to ⊕ データの更新

◆ピボットテーブル内のセルを選択→《分析》タブ→《データ》グループの 📄 （更新）

Point ▶▶▶

ピボットテーブルのレイアウト

項目名の並べ替え

項目名は、⬆(昇順)や⬇(降順)を使って並べ替えできます。また、ドラッグして任意の順に移動することもできます。

項目のグループ化

列ラベルエリアや行ラベルエリアに日付のフィールドを配置すると、データに応じて月ごとや年ごとにグループ化されます。必要に応じて、四半期単位や年単位などに変更できます。また、数値のフィールドは、10単位、100単位のようにグループ化して集計できます。

How to ⮕ グループ化

◆列ラベルエリア/行ラベルエリアのセルを選択→《分析》タブ→《グループ》グループの ⮕ グループの選択 (グループの選択)

※複数の項目を選択して操作すると、選択している項目がグループ化されます。

総計・小計の表示/非表示

ピボットテーブルに表示される小計や総計は、表示位置を変更したり、非表示にしたりできます。

How to ⮕ 総計・小計の表示/非表示

◆ピボットテーブル内のセルを選択→《デザイン》タブ→《レイアウト》グループの 🔲(小計)/🔲(総計)→表示方法を選択

基本レイアウトの変更

用意された基本レイアウトを選択するだけで、ピボットテーブルのレイアウトを整えることができます。レイアウトには、「コンパクト形式」「アウトライン形式」「表形式」があります。

How to ⮕ 基本レイアウトの変更

◆ピボットテーブル内のセルを選択→《デザイン》タブ→《レイアウト》グループの 🔲(レポートのレイアウト)→表示方法を選択

5 関数

「関数」を使うと、指定した範囲のデータを集計したり、データを判断して処理したりできます。関数にはそれぞれ名前が設定されており、名前の後ろの括弧内に必要な「引数」を指定することによって計算を行います。

- AVERAGE関数を使うと、平均値を表示できる
  - ●セル【B4】の数式
    =AVERAGE(B9:B373)
- MAX関数を使うと、最大値を表示できる
  - ●セル【B5】の数式
    =MAX(B9:B373)
- MIN関数を使うと、最小値を表示できる
  - ●セル【B6】の数式
    =MIN(B9:B373)

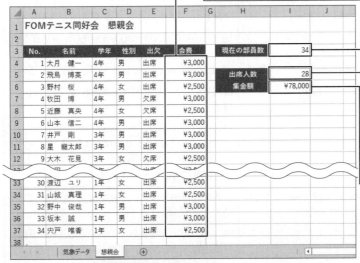

- IF関数を使うと、性別ごとに異なる会費を表示できる
  - ●セル【F4】の数式
    =IF(D4="男", 3000, 2500)
- COUNTA関数を使うと、名前をもとに人数を計算できる
  - ●セル【I3】の数式
    =COUNTA(B4:B37)
- COUNTIF関数を使うと、出席人数を計算できる
  - ●セル【I5】の数式
    =COUNTIF(E4:E37, "出席")
- SUMIF関数を使うと、出席人数分の会費を集計できる
  - ●セル【I6】の数式
    =SUMIF(E4:E37, "出席", F4:F37)

How to 関数の入力

- ◆《ホーム》タブ→《編集》グループの Σ (合計)の →関数名を選択→引数を入力
- ◆数式バーの fx (関数の挿入)→関数名を選択→引数を設定
- ◆《数式》タブ→《関数ライブラリ》グループの関数の分類を選択→関数名を選択→引数を設定
- ◆キーボードから直接入力

Point ▶▶▶

関数一覧

関数には、次のようなものがあります。

関数名	書式	説明
SUM	=SUM(数値1,[数値2],…)	引数の合計値を返す。
SUMIF	=SUMIF(範囲,検索条件,[合計範囲])	範囲内で検索条件に一致するセルの値を合計する。
SUMIFS	=SUMIFS(合計対象範囲,条件範囲1,条件1,[条件範囲2,条件2],…)	範囲内で複数の検索条件に一致するセルの値を合計する。
AVERAGE	=AVERAGE(数値1,[数値2],…)	引数の平均値を返す。
AVERAGEIF	=AVERAGEIF(範囲,条件,[平均対象範囲])	範囲内で検索条件に一致するセルの値を平均する。
AVERAGEIFS	=AVERAGEIFS(平均対象範囲,条件範囲1,条件1,[条件範囲2,条件2],…)	範囲内で複数の検索条件に一致するセルの値を平均する。
COUNT	=COUNT(値1,[値2],…)	引数に含まれる数値の個数を返す。
COUNTA	=COUNTA(値1,[値2],…)	引数に含まれる空白でないセルの個数を返す。
COUNTIF	=COUNTIF(範囲,検索条件)	範囲内で検索条件に一致するセルの個数を返す。
COUNTIFS	=COUNTIFS(検索条件範囲1,検索条件1,[検索条件範囲2,検索条件2],…)	範囲内で複数の検索条件に一致するセルの個数を返す。
MAX	=MAX(数値1,[数値2],…)	引数の最大値を返す。
MIN	=MIN(数値1,[数値2],…)	引数の最小値を返す。
IF	=IF(論理式,[真の場合],[偽の場合])	論理式の結果に応じて、真の場合・偽の場合の値を返す。 例:=IF(F6>=170,"A","B") 　セル【F6】が170以上ならば「A」、そうでなければ「B」を表示する。
AND	=AND(論理式1,[論理式2],…)	すべての論理式がTRUEの場合、TRUEを返す。 例:=IF(AND(D6>=80,E6>=80),"A","B") 　セル【D6】が80以上、かつセル【E6】が80以上ならば「A」、そうでなければ「B」を表示する。
OR	=OR(論理式1,[論理式2],…)	論理式にひとつでもTRUEがあれば、TRUEを返す。 例:=IF(OR(G6="A",H6="A"),"○","") 　セル【G6】が「A」、またはセル【H6】が「A」ならば「○」を表示し、そうでなければ何も表示しない。
VLOOKUP	=VLOOKUP(検索値,範囲,列番号,[検索方法])	範囲の先頭列を検索値で検索し、一致した行の範囲左端から指定した列番号目のデータを返す。 例:=VLOOKUP("部署",A3:G10,5,FALSE) 　範囲の先頭列から「部署」を検索し、一致した行の5番目の列の値を返す。

※[ ]は省略可能な引数を表します。
※文字列を指定する場合は「"(ダブルクォーテーション)」で囲みます。「"」を続けて入力し、「""」と指定すると、何も表示しないことを意味します。

第2章 データ活用力を磨く

6 条件付き書式

条件に該当するデータを確認するときに、「条件付き書式」を使うと便利です。
条件付き書式を使うと、「指定の値に等しい」「指定の値より大きい」「上位5項目」「下位30%」「平均より上」などのルールに基づいて、該当するセルに特定の書式を設定することができます。

	A	B	C	D
1	水泳男子100m自由形			
2				
3	No.	選手名	記録（秒）	所属団体
4	1	飯田 太郎	53.88	KGC
5	2	石田 誠司	51.43	SRR
6	3	上田 孝司	55.25	TCS
7	4	大河内 恒之	50.70	HSC
8	5	大塚 大樹	53.10	HSC
9	6	小川 弘之	50.78	SRR
10	7	小田 英明	58.45	IOS
11	8	小池 公彦	51.92	FJM
12	9	坂井 勇	57.10	TNC
13	10	新谷 則夫	50.60	FJM
14	11	高城 健一	51.55	TCS
15	12	西村 孝太	51.40	TCS
16	13	野村 充	59.08	AKC
17	14	浜田 正人	50.88	TYC
18	15	山本 博仁	51.70	TCS

> 51秒より速い記録に色を付けて確認する

	A	B	C	D	E	F	G	H	I	J	K
1	FOM市の過去10年間の月平均気温										
2											
3		2008年	2009年	2010年	2011年	2012年	2013年	2014年	2015年	2016年	2017年
4	1月	5.9	6.8	7.0	5.1	4.8	5.5	6.3	5.8	6.1	5.8
5	2月	5.5	7.8	6.5	7.0	5.4	6.2	5.9	5.7	7.2	6.9
6	3月	10.7	10.0	9.1	8.1	8.8	12.1	10.4	10.3	10.1	8.5
7	4月	14.7	15.7	12.4	14.5	14.5	15.2	15.0	14.5	15.4	14.7
8	5月	18.5	20.1	19.0	18.5	19.6	19.8	20.3	21.1	20.2	20.0
9	6月	21.3	22.5	23.6	22.8	21.4	22.9	23.4	22.1	22.4	22.0
10	7月	27.0	26.3	28.0	27.3	26.4	27.3	26.8	26.2	25.4	27.3
11	8月	26.8	26.6	29.6	27.5	29.1	29.2	27.7	26.7	27.1	26.4
12	9月	24.4	23.0	25.1	25.1	26.2	25.2	23.2	22.6	24.4	22.8
13	10月	19.4	19.0	18.9	19.5	19.4	19.8		19.4	19.7	16.8
14	11月	13.1	13.5	13.5	14.9	12.7	13				
15	12月	9.8	9.0	9.9	7.5	7.3	8				

> 10年間で気温が低かった上位5件に色を付けて確認する

> 10年間で気温が高かった上位5件に色を付けて確認する

How to ➡ セルの強調表示ルールの設定

◆範囲を選択→《ホーム》タブ→《スタイル》グループの [条件付き書式] （条件付き書式）→《セルの強調表示ルール》

How to ➡ 上位/下位ルールの設定

◆範囲を選択→《ホーム》タブ→《スタイル》グループの [条件付き書式] （条件付き書式）→《上位/下位ルール》

Point ▶▶▶

その他の条件付き書式

条件付き書式には、ほかにも次のようなものがあります。

データバー

都市	年間降水量（mm）
札幌	1,158
東京	1,430
大阪	1,276
福岡	1,319
那覇	1,907

バーの長さで数値の大小を比較

How to ▶ データバーの設定

◆範囲を選択→《ホーム》タブ→《スタイル》グループの [条件付き書式]（条件付き書式）→《データバー》

カラースケール

都市	年間降水量（mm）
札幌	1,158
東京	1,430
大阪	1,276
福岡	1,319
那覇	1,907

色で数値の大小を比較

How to ▶ カラースケールの設定

◆範囲を選択→《ホーム》タブ→《スタイル》グループの [条件付き書式]（条件付き書式）→《カラースケール》

アイコンセット

都市	年間降水量（mm）
札幌	◆ 1,158
東京	△ 1,430
大阪	◆ 1,276
福岡	◆ 1,319
那覇	● 1,907

アイコンの図柄で数値の大小を比較

How to ▶ アイコンセットの設定

◆範囲を選択→《ホーム》タブ→《スタイル》グループの [条件付き書式]（条件付き書式）→《アイコンセット》

Point ▶▶▶

条件付き書式のルールのクリア

設定したルールは、すべてのルールをまとめて解除したり、一部のルールを解除したりできます。

How to ▶ ルールのクリア

シートに設定されているすべてのルール

◆《ホーム》タブ→《スタイル》グループの [条件付き書式]（条件付き書式）→《ルールのクリア》→《シート全体からルールをクリア》

セル範囲に設定されているすべてのルール

◆セル範囲を選択→《ホーム》タブ→《スタイル》グループの [条件付き書式]（条件付き書式）→《ルールのクリア》→《選択したセルからルールをクリア》

セル範囲に設定されている一部のルール

◆セル範囲を選択→《ホーム》タブ→《スタイル》グループの [条件付き書式]（条件付き書式）→《ルールの管理》→ルールを選択→《ルールの削除》

7 グラフ

グラフを使うと、各項目の比率を円で表したり、売上が上昇している様子を線で表したりなど、データを視覚的に表現できます。

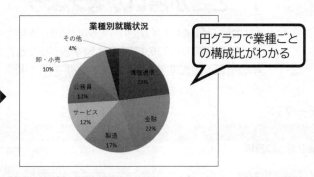

円グラフで業種ごとの構成比がわかる

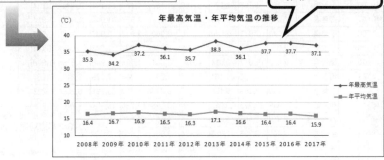

折れ線グラフで気温の推移がわかる

How to グラフの挿入

◆範囲を選択→《挿入》タブ→《グラフ》グループの種類を選択

Point ▶▶▶

グラフの編集

グラフスタイル

「グラフスタイル」とは、グラフを装飾するための書式の組み合わせです。前景色、背景色、枠線などがあらかじめ設定されており、グラフの体裁を瞬時に整えることができます。

How to グラフスタイルの適用

◆グラフを選択→《デザイン》タブ→《グラフスタイル》グループの ▼ （その他）→一覧からスタイルを選択

グラフ要素の表示／非表示

グラフタイトルや凡例などのグラフ要素は、必要に応じて表示したり非表示にしたりできます。

How to グラフ要素の表示／非表示

◆グラフを選択→《デザイン》タブ→《グラフのレイアウト》グループの （グラフ要素を追加）

グラフ要素の書式設定

グラフの各要素に対して、個々に書式を設定することもできます。

How to グラフ要素の書式設定

◆グラフ要素を右クリック→《（グラフ要素名）の書式設定》

Let's Try 表とグラフの問題点と改善案を考えよう

1 どこが悪いか考えよう

「社会調査概論」を受講している学生が、講師から「人口に関する統計データをもとに、都道府県の人口の増減を比較するグラフを作成しなさい。統計データには2016年の情報を追加すること」という課題を出され、次のような統計データを提示されました。

<提示データ1>

都道府県別人口推移　　　　　　　　　　　　　　　　　　　単位：千人

コード	都道府県	2007年	2008年	2009年	2010年	2011年	2012年	2013年	2014年	2015年
01	北海道	5,579	5,548	5,524	5,506	5,488	5,465	5,438	5,410	5,382
02	青森県	1,409	1,395	1,383	1,373	1,363	1,350	1,337	1,323	1,308
03	岩手県	1,364	1,352	1,340	1,330	1,315	1,306	1,299	1,290	1,280
04	宮城県	2,354	2,349	2,348	2,348	2,326	2,329	2,333	2,335	2,334
05	秋田県	1,121	1,109	1,097	1,086	1,075	1,063	1,050	1,037	1,023
06	山形県	1,198	1,188	1,178	1,169	1,162	1,153	1,144	1,134	1,124
07	福島県	2,067	2,054	2,041	2,029	1,988	1,957	1,940	1,927	1,914
08	茨城県	2,973	2,971	2,970	2,970	2,960	2,947	2,937	2,927	2,917
09	栃木県	2,016	2,015	2,011	2,008	2,000	1,992	1,986	1,980	1,974
10	群馬県	2,020	2,017	2,014	2,008	2,001	1,994	1,986	1,979	1,973
11	埼玉県	7,106	7,136	7,161	7,195	7,209	7,216	7,228	7,247	7,267
12	千葉県	6,119	6,153	6,180	6,216	6,217	6,200	6,201	6,209	6,223
13	東京都	12,848	12,973	13,048	13,159	13,198	13,234	13,307	13,390	13,515
14	神奈川県	8,912	8,965	9,006	9,048	9,060	9,070			
15	新潟県	2,408	2,396	2,385	2,374	2,364	2,350			
16	富山県	1,107	1,103	1,098	1,093	1,088	1,083			
17	石川県	1,173	1,172	1,171	1,170	1,167	1,164			
18	福井県	817	814	810	806	803	800			
19	山梨県	877	871	867	863	857	852			
20	長野県	2,182	2,173	2,162	2,152	2,142	2,132			
21	岐阜県	2,104	2,100	2,091	2,081	2,071	2,062			
22	静岡県	3,796	3,793	3,783	3,765	3,752	3,739			
23	愛知県	7,357	7,399	7,411	7,411	7,418	7,431			
24	三重県	1,873	1,871	1,864	1,855	1,847	1,841			
25	滋賀県	1,398	1,405	1,409	1,411	1,413	1,414			
26	京都府	2,643	2,640	2,637	2,636	2,633	2,628			
27	大阪府	8,839	8,847	8,855	8,865	8,863	8,861			
28	兵庫県	5,593	5,592	5,591	5,588	5,584	5,575			
29	奈良県	1,413	1,407	1,404	1,401	1,395	1,388			
30	和歌山県	1,021	1,014	1,008	1,002	995	988			

<提示データ2>

2016年都道府県別人口　　　　　　　　単位：千人

コード	都道府県	性別	年代	人数
01	北海道	男	15歳未満	306
01	北海道	男	15〜64歳	1,545
01	北海道	男	65歳以上	670
01	北海道	女	15〜64歳	1,605
01	北海道	女	15歳未満	294
01	北海道	女	65歳以上	932
02	青森県	男	15歳未満	74
02	青森県	男	15〜64歳	370
02	青森県	男	65歳以上	164
02	青森県	女	15〜64歳	377
02	青森県	女	15歳未満	71
02	青森県	女	65歳以上	238
03	岩手県	男	15歳未満	75
03	岩手県	男	15〜64歳	370
03	岩手県	男	65歳以上	165
03	岩手県	女	15〜64歳	356
03	岩手県	女	15歳未満	72
03	岩手県	女	65歳以上	230
04	宮城県	男	15歳未満	146
04	宮城県	男	15〜64歳	725
04	宮城県	男	65歳以上	267
04	宮城県	女	15〜64歳	703
04	宮城県	女	15歳未満	139
04	宮城県	女	65歳以上	349
05	秋田県	男	15歳未満	53
05	秋田県	男	15〜64歳	278
05	秋田県	男	65歳以上	144
05	秋田県	女	15〜64歳	278
05	秋田県	女	15歳未満	51
05	秋田県	女	65歳以上	207

出典：「人口推計」総務省統計局（http://www.stat.go.jp/data/jinsui/）を加工して作成

第2章 データ活用力を磨く

この統計データをもとに作成した表とグラフを講師に提出したところ、「**単純な増減数ではなく、割合で増減を比較して提出するように**」と改善の指示を受けました。この表とグラフのどこに問題があるのかを考えてみましょう。

	A	B	C	D	E	F	G	H	I	J	K	L
1	都道府県別人口推移											単位：千人
2												
3	コード	都道府県	2007年	2008年	2009年	2010年	2011年	2012年	2013年	2014年	2015年	増減数
4	01	北海道	5,579	5,548	5,524	5,506	5,488	5,465	5,438	5,410	5,382	-197
5	02	青森県	1,409	1,395	1,383	1,373	1,363	1,350	1,337	1,323	1,308	-101
6	03	岩手県	1,364	1,352	1,340	1,330	1,315	1,306	1,299	1,290	1,280	-84
7	04	宮城県	2,354	2,349	2,348	2,348	2,326	2,329	2,333	2,335	2,334	-20
8	05	秋田県	1,121	1,109	1,097	1,086	1,075	1,063	1,050	1,037	1,023	-98
9	06	山形県	1,198	1,188	1,178	1,169	1,162	1,153	1,144	1,134	1,124	-74
10	07	福島県	2,067	2,054	2,041	2,029	1,988	1,957	1,940	1,927	1,914	-153
11	08	茨城県	2,973	2,971	2,970	2,970	2,960	2,947	2,937	2,927	2,917	-56
12	09	栃木県	2,016	2,015	2,011	2,008	2,000	1,992	1,986	1,980	1,974	-42
13	10	群馬県	2,020	2,017	2,014	2,008	2,001	1,994	1,986	1,979	1,973	-47
14	11	埼玉県	7,106	7,136	7,161	7,195	7,209	7,216	7,228	7,247	7,267	161
15	12	千葉県	6,119	6,153	6,180	6,216	6,217	6,200	6,201	6,209	6,223	104
16	13	東京都	12,848	12,973	13,048	13,159	13,198	13,234	13,307	13,399	13,515	667
17	14	神奈川県	8,912	8,965	9,006	9,048	9,060	9,070	9,084	9,103	9,126	214
18	15	新潟県	2,408	2,396	2,385	2,374	2,364	2,350	2,336	2,320	2,304	-104
19	16	富山県	1,107	1,103	1,098	1,093	1,088	1,083	1,077	1,072	1,066	-41
20	17	石川県	1,173	1,172	1,171	1,170	1,167	1,164	1,160	1,157	1,154	-19
21	18	福井県	817	814	810	806	803	800	796	791	787	-30
22	19	山梨県	877	871	867	863	857	852	847	841	835	-42
23	20	長野県	2,182	2,173	2,162	2,152	2,142	2,132	2,122	2,110	2,099	-83
24	21	岐阜県	2,104	2,100	2,091	2,081	2,071	2,062	2,053	2,043	2,032	-72
25	22	静岡県	3,796	3,793	3,783	3,765	3,752	3,739	3,730	3,715	3,700	-96
26	23	愛知県	7,357	7,399	7,411	7,411	7,418	7,431	7,449	7,464	7,483	126
27	24	三重県	1,873	1,871	1,864	1,855	1,847	1,841	1,833	1,826	1,816	-57
28	25	滋賀県	1,398	1,405	1,409	1,411	1,413	1,414	1,415	1,414	1,413	15
29	26	京都府	2,643	2,640	2,637	2,636	2,633	2,628	2,622	2,616	2,610	-33
30	27	大阪府	8,839	8,847	8,855	8,865	8,863	8,861	8,856	8,845	8,839	0
31	28	兵庫県	5,593	5,592	5,591	5,588	5,584	5,575	5,565	5,550	5,535	-58
32	29	奈良県	1,413	1,407	1,404	1,401	1,395	1,388	1,381	1,373	1,364	-49
33	30	和歌山県	1,021	1,014	1,008	1,002	995	988	980	972	964	-57

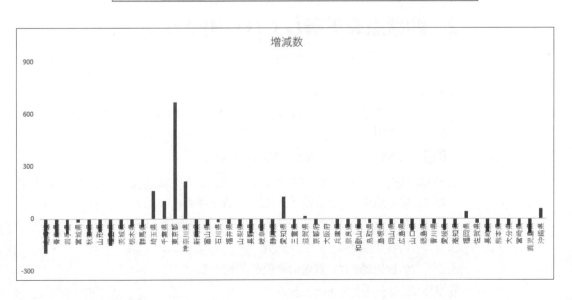

増減数

問題点を考えよう

2 問題点を改善して作り直そう

1で考えた問題点をふまえ、次の条件に従って表とグラフを作り直しましょう。

<条件>

①提示データ2を集計して、提示データ1の「都道府県別人口推移」に2016年の情報を追加する。

　Hint ピボットテーブルを使って集計しましょう。

②期間内を2つに分けて都道府県の人口の増減率を算出し、グラフにする。増減率は、小数点第1位までのパーセントで表示する。

③グラフのタイトルは、グラフの内容を表現した簡潔なタイトルを付ける。

④グラフの軸や目盛は、数値が把握しやすいように工夫する。

⑤グラフの数値軸には、数値の単位を記載する。

⑥グラフには、凡例を表示する。

⑦図形を使って、グラフに補足説明を追加する。

Challenge 課題に取り組もう

1 課題に取り組もう

次の条件に従って、スマートフォン・パソコンなどの1日の使用時間について年代別に比較するためのグラフを作成してください。

<提示データ>

	A	B	C	D
1	スマートフォン・パソコンなどの1日の使用時間			
2				
3	年齢	使用時間	人数(千人)	
4	10～14歳	1時間未満	980	
5	15～19歳	1時間未満	664	
6	20～24歳	1時間未満	503	
7	25～29歳	1時間未満	766	
8	30～34歳	1時間未満	1348	
9	35～39歳	1時間未満	1945	
10	40～44歳	1時間未満	2562	
11	45～49歳	1時間未満	2750	
12	50～54歳	1時間未満	2500	
13	55～59歳	1時間未満	2335	
14	60～64歳	1時間未満	2006	
15	65～69歳	1時間未満	1833	
16	70～71歳	1時間未満	897	
17	75～79歳	1時間未満	488	
18	80～84歳	1時間未満	193	
19	85歳以上	1時間未満	78	
20	10～14歳	1～3時間未満	1392	
...	40～44歳	12時間以上	114	
75	45～49歳	12時間以上	90	
76	50～54歳	12時間以上	29	
77	55～59歳	12時間以上	35	
78	60～64歳	12時間以上	18	
79	65～69歳	12時間以上	12	
80	70～71歳	12時間以上	3	
81	75～79歳	12時間以上	2	
82				

出典:「平成28年社会生活基本調査 - 生活時間に関する結果」総務省統計局
（http://www.stat.go.jp/data/shakai/2016/kekka.htm）を加工して作成

<条件>

① 提示データを、10代、20代、30代、40代、50代、60代、70代、80代以上の8つの年代別にまとめ直す。
② ①で集計したデータをもとに、スマートフォン・パソコンなどの1日の使用時間について、年代別に使用時間の割合がわかるグラフを作成する。
③ グラフには適切なタイトルを付ける。
④ グラフの軸や目盛は、数値が把握しやすいように工夫する。
⑤ 図形を使って、グラフに補足説明を追加する。

2 振り返って評価しよう

次の評価シートに従って、自分で作成した課題を評価しましょう。

<評価シート>

	評価項目	レベル				評価
		4 (目標以上)	3 (目標達成)	2 (あと少し)	1 (努力が必要)	
1	目的	グラフ化の目的をよく理解したうえで、適切な表現方法を十分検討している	グラフ化の目的を理解したうえで、グラフを作成している	グラフ化の目的をあまり意識していない	グラフ化の目的を意識していない	
2	集計表	年代ごとに正しく集計しており、表示形式が整っている	年代ごとに正しく集計している	年代ごとにグループ化せず、年齢ごとに集計している	集計していない	
3	グラフの種類	帯グラフ（100%積み上げ横棒グラフ）を作成しており、年代が上から10代、20代…の順に並んでいる	帯グラフ（100%積み上げ横棒グラフ）を作成している	年代ごとに別々に円グラフを作成している	割合がわからないグラフの種類で作成している	
4	グラフのタイトル	グラフの内容を端的に表現し、興味を引くタイトルが付いている	グラフの内容を端的に表現したタイトルが付いている	与えられた課題がそのままタイトルになっている	タイトルが付いていない	
5	数値軸	数値軸の間隔が適切であり、目盛線や区分線を表示していて数値の差を比較しやすい	数値軸の間隔が適切である	数値軸の間隔が適切でない	数値軸を表示していない	
6	凡例	凡例を適切な位置に表示しており、文字も読みやすいように調整している	凡例を適切な位置に表示している	凡例を表示しているが、グラフの各要素と対比しにくい	凡例を表示していない	
7	見栄え	項目間の違いがひと目で認識できる色を設定しており、グラフ内の文字をバランスよく調整している	項目間の違いが認識できる色を設定している	項目間の違いが認識できる色を設定しているが、過剰な装飾が見られる	項目間の違いが認識できない色を設定している	
8	補足説明	図形などを使って、グラフから読み取った説得力のある補足説明を追加している	図形などを使って、グラフから読み取った補足説明を追加している	図形などを使って、グラフに補足説明を追加しているが、グラフから読み取れない内容である	図形などを使って、グラフに補足説明を追加していない	

第2章　データ活用力を磨く

第3章
プレゼン発表力を磨く

Check	この章で学ぶこと	84
Step1	プレゼンテーションとはどんなもの？	85
Step2	プレゼンテーションの構成を考えよう	87
Step3	訴求力の高い発表資料を作成しよう	90
Step4	リハーサルをしよう	105
Step5	発表しよう	108
Step6	資料作成に便利なPowerPointの機能	112
Let's Try	プレゼンテーション資料の問題点と改善案を考えよう	121
Challenge	課題に取り組もう	124

Check! この章で学ぶこと

学習前に習得すべきポイントを理解しておき、
学習後には確実に習得できたかどうかを振り返りましょう。

1	プレゼンテーションとは何かについて理解し、説明できる。	☐☐☐	➡ P.85
2	プレゼンテーションの実施形式を理解し、説明できる。	☐☐☐	➡ P.85
3	プレゼンテーションの基本的な流れを理解し、説明できる。	☐☐☐	➡ P.86
4	プレゼンテーションのストーリーの組み立て方のポイントを理解し、説明できる。	☐☐☐	➡ P.88
5	プレゼンテーション資料を作成する際のポイントを理解し、説明できる。	☐☐☐	➡ P.90
6	箇条書きによる表現方法を理解し、発表資料の訴求力を高める工夫ができる。	☐☐☐	➡ P.94
7	表よる表現方法を理解し、発表資料の訴求力を高める工夫ができる。	☐☐☐	➡ P.95
8	グラフよる表現方法を理解し、発表資料の訴求力を高める工夫ができる。	☐☐☐	➡ P.95
9	画像による表現方法を理解し、発表資料の訴求力を高める工夫ができる。	☐☐☐	➡ P.96
10	図解よる表現方法を理解し、発表資料の訴求力を高める工夫ができる。	☐☐☐	➡ P.97
11	色による表現方法を理解し、発表資料の訴求力を高める工夫ができる。	☐☐☐	➡ P.100
12	リハーサルの必要性やリハーサルの手順を理解し、説明できる。	☐☐☐	➡ P.105
13	発表の流れを理解し、説明できる。	☐☐☐	➡ P.108
14	配布資料を作成する際の注意点を理解し、説明できる。	☐☐☐	➡ P.110
15	資料作成に便利なPowerPointの機能について理解し、実際に操作できる。	☐☐☐	➡ P.112

Step1 プレゼンテーションとはどんなもの？

1 プレゼンテーションとは

「プレゼンテーション」とは、限られた時間の中で、事実や考え方、研究成果などをわかりやすく正確に伝えることによって、聞き手に理解や納得をしてもらうための手段です。「プレゼン」ともいいます。ほとんどのプレゼンテーションは、理解や納得をしてもらったうえで、聞き手の協力や意思決定を促すために行います。一方的に情報を提示するのではなく、与えられた課題に応じた適切な情報を提示し、聞き手の心に積極的に働きかけることが重要です。

プレゼンテーションは、研究活動やビジネスなど、様々な場面で不可欠なものとなっています。プレゼンテーションの成否が評価に直接影響するといっても過言ではありません。聞き手を引きつける効果的なプレゼンテーションスキルを身に付けましょう。

プレゼンテーションは聞き手の人数や会場によって、次のような実施形式に分類されます。

■面談形式

一対一もしくは一対少数の形式で実施します。比較的小さい部屋で、意思決定権を持つ人や指導者に対して行うことが多く、聞き手との距離が近いため、聞き手の反応を見ながら話を進めることができます。

■会議形式

グループミーティングや研究報告会、意見交換会など、一対少数、一対多数、もしくは少数対多数の形式で実施します。プレゼンテーションの内容について、参加者との意見交換やディスカッションが必要な場合に行います。

■講義形式

教育やセミナーなど、特定のテーマについての学習を目的として、一対多数や少数対多数の形式で実施します。比較的大きい部屋で、発表を行うのが一般的です。後方に座っている人の反応がつかみにくいというデメリットがあります。

■講演形式

学会、討論会、シンポジウムなど、一対大多数や少数対大多数の形式で実施します。設備の整った広大な会場で、特定の分野に関する専門知識を持つ人によって発表を行うことが多く、参加者が100名を超えることも少なくありません。そのため、一人一人の反応がつかみにくく、プレゼンテーションが一方的になりやすいというデメリットがあります。また、大人数を収容できる会場の手配や、機材の手配などの準備作業が必要です。

2 プレゼンテーションの流れ

プレゼンテーションを成功させるためには、入念な準備が必要です。
プレゼンテーションを計画して終了するまでの基本的な流れは、次のとおりです。

 目的の明確化
- プレゼンテーションを実施することによって、どのような成果を得たいのかを考える。

 聞き手の分析
- 聞き手に関する情報を収集し、興味や知識レベルなどを把握する。

 情報の収集と整理
- プレゼンテーションの内容に関する情報を多角的に収集する。
- 必要な情報を取捨選択する。

 主張の明確化
- 何を最も伝えたいのか、主張すべき内容を明確にする。

 ストーリーの組み立て
- 整理した情報を組み合わせて、プレゼンテーション全体の構成を決定する。
- 主張したい内容をわかりやすく伝えるための工夫をする。

 プレゼンテーション資料の作成
- 決定した構成にそって、プレゼンテーション資料や必要な配布資料などを作成する。

 発表内容の検討
- 話すセリフや強調すべきポイントなどを検討する。
- 作成したプレゼンテーション資料にそって、発表者用のシナリオを作成する。

 リハーサル
- 本番を想定したリハーサルを行い、全体の構成や話し方、時間配分などをチェックし、問題点を改善する。

 最終確認
- 使用する資料や機器などを事前に確認し、必要なものを準備する。

 プレゼンテーションの実施
- プレゼンテーションの目的を再確認し、時間配分に注意しながら熱意と自信を持って発表を行う。
- 発表後は質疑応答の時間を設ける。

11 フォロー
- プレゼンテーションを評価してもらう。
- 聞き手に対してアプローチを開始し、次の展開につなげる。

Step2 プレゼンテーションの構成を考えよう

1 目的の明確化

プレゼンテーションを計画する際には、プレゼンテーションを実施することで、どんな成果を期待するのか、目的を明確にすることが重要です。聞き手に理解してもらいたいのか、聞き手を納得させたいのか、聞き手に行動を起こしてもらいたいのかといった目的によって、何に焦点を当てて説明すべきかが変わってきます。

2 目的達成のための道筋

プレゼンテーションの目的を達成し、最終的に意図した結果を得るためには、発表者の主張を理解してもらい、聞き手の心を動かす必要があります。しかし、最初から発表者の主張と聞き手の考えが一致しているとは限りません。一致していないところにプレゼンテーションを実施しても、発表者の主張を一方的に押し付けるだけに終わってしまい、プレゼンテーションの成功は望めないでしょう。

そこで、プレゼンテーションの具体的な内容について検討する前に、プレゼンテーションの目的を達成するまでの道筋をイメージしてみます。具体的には、聞き手に自分の主張を受け入れてもらうためにはどうすればよいのか、目的の達成を妨げる要因はないか、あるとすればどこに問題があるのか、その問題はどうすれば解決できるのかを考えます。

この作業は、発表者の主張と聞き手の考えの間にあるギャップを埋めていく重要な作業です。こうして洗い出された問題点を解決し、聞き手を納得させる主張を見いだすことが、プレゼンテーションを成功させるポイントです。

3 訴求内容の絞り込み

問題点に対する解決策を導き出したら、聞き手に解決策を受け入れてもらうために、プレゼンテーションで伝えるべき内容を整理していきます。その際、「訴求ポイント」を明確にすることが重要です。訴求ポイントとは、聞き手の共感や賛同を得るために強く訴えかけるポイントのことで、主張する内容の要点といえます。訴求ポイントを明確にしないまま作業を進めると、プレゼンテーションをどのように展開すべきか方向性が見えなくなり、焦点のぼやけた、まとまりのないプレゼンテーションになってしまいます。

プレゼンテーションでは、訴求ポイントを中核に、最後までブレのない説明を展開する必要があります。伝えたいことが複数ある場合にも、プレゼンテーションの目的にそって最も主張したいポイントを絞り込み、プレゼンテーションの展開を検討していきましょう。

4　ストーリーの組み立て

プレゼンテーションの目的や主張すべきポイントが明確になったら、次に、プレゼンテーションの構成を考えます。プレゼンテーションの構成とは、発表者の主張を聞き手にわかりやすく伝えるためのストーリー展開のことです。

一般的に、プレゼンテーションは、レポートと同様に次の3つの要素から構成されます。

- **序論**
  - 目的を明確に示す。
  - 内容が聞き手にとってどれくらい重要か、どのような結果をもたらすかを説明する。
  - 本論にスムーズに入るために必要な前提知識を提供する。
- **本論**
  - 序論を受けて、主張したい内容の理由付けを順序立てて行う。
  - アイデア・問題解決策などを論理的に説明する。
  - 客観的事実・統計結果など、主張を裏付ける具体的なデータを提示する。
- **結論**
  - 本論で展開した内容を要約する。
  - 主張したい内容を繰り返し、聞き手の行動を促す。

聞き手が最初から最後までプレゼンテーションに集中し、興味を持って耳を傾けるような効果的なストーリー展開を組み立てるために、次のようなことに注意しましょう。

■論理的に展開する

論理的であるということは、筋道が通っていることです。プレゼンテーション全体を通して主張にブレや矛盾がないことはもちろん、根拠となるデータや、データを裏付ける理由があり、ストーリーを構成する要素の間に明確なつながりが感じられるような展開を考えましょう。

■一定の流れに従って展開する

発表者の主張をわかりやすく伝えるためには、プレゼンテーションに一定の流れを作ることが重要です。時間の経過にそって説明したり、最も伝えたいことから説明したり、問題点から原因をさかのぼって説明したりするなど、聞き手が頭の中を整理しやすいように、前後関係を考えながら順を追って説明を展開させましょう。

■事実と意見を区別する

事実と発表者の意見を混在させないように注意します。事実を発表者の意見として認識したり、発表者の意見を事実として認識してしまったりすると、意図したとおりに理解してもらえない可能性があります。

■メリットとデメリットを提示する

誰でも、自分にとってメリットのある意見は受け入れやすいものです。プレゼンテーションでは、発表者の主張を受け入れた場合に、聞き手にどんなメリットがあるのかを強調するとよいでしょう。しかし、うまい話ばかりでは相手も不信感を抱きかねません。デメリットを隠すのではなく、あえて指摘したうえで、メリットを提示すると、聞き手に納得してもらいやすくなります。

■要点を簡潔に表現する

長々とした説明が続くと、聞き手は集中力を欠いてしまうだけでなく、全体像が見えなくなり、発表者が何を主張したいのかがわかりにくくなります。説明が長くなりそうな場合は、目次に戻ったり、話の区切りでまとめを入れたりして、聞き手が話の流れをつかみやすくなるように工夫しましょう。

■訴求ポイントを適度に露出させる

説明の裏付けとなる具体的な数値や事例ばかりを提示しすぎると、聞き手の関心を散漫にしてしまい、本来の訴求ポイントが見えなくなる可能性があります。流れの中で訴求ポイントを適度に繰り返して、焦点の合ったストーリーを組み立てましょう。

■適切に時間を配分する

せっかく完璧なストーリーを組み立てても、説明にあまり時間をかけすぎると、聞き手の集中力が途切れてしまいます。与えられた時間内で聞き手を飽きさせないプレゼンテーションを実施するためにも、どの部分にどのくらいの時間をかけて説明するか、効果的な時間配分を考えましょう。

■キーパーソンに訴えかける

複数の聞き手を前にプレゼンテーションを実施する場合は、キーパーソンが誰であるかによって、ストーリーの組み立て方も変わってきます。目的を達成するためには誰を説得すべきかを考え、キーパーソンに訴えかける内容でプレゼンテーションを構成します。

Point ▶▶▶

内容に応じて結論は最初に

プレゼンテーションの内容によっては、序論で先に結論を述べる方が効果的な場合もあります。最初に聞き手の注意を引き、なぜその結論に達したのか、最後まで興味深く聞いてもらう手法です。話の内容、聞き手の関心度、結論のインパクトなどを考慮しながら、どのようにストーリーを組み立てると最も効果的かを判断しましょう。

Point ▶▶▶

情報を整理する方法

情報を整理する方法に、「5W2H」の手法があります。5W2Hとは、「When(いつ)」「Where(どこで)」「Who(誰が)」「What(何を)」「Why(なぜ)」「How(どのように)」「How much(どのくらい)」を明らかにしながら情報を整理する方法です。

Step3 訴求力の高い発表資料を作成しよう

1 プレゼンテーション資料作成のポイント

「プレゼンテーション資料」とは、プレゼンテーションの実施中に、発表者と聞き手が同時に見ながら説明を進めるための資料のことです。プレゼンテーションの成功を後押しする重要なツールです。わかりにくいプレゼンテーション資料は、伝えたいことが正確に伝わらないばかりか、聞き手の印象を悪くします。また、プレゼンテーションの時間は限られているため、主張したい内容をできるだけ簡潔に表現する必要があります。
プレゼンテーション資料を作成する際のポイントは、次のとおりです。

■期待感を高める表紙

プレゼンテーションで最初に聞き手の目に入るのが、表紙です。プレゼンテーション資料は第一印象が重要です。表紙は聞き手の期待感を高める重要な役割を果たすものであるという認識を持ち、タイトルのわかりやすさ、文字の読みやすさはもちろんのこと、インパクトのあるデザインを心がけましょう。また、表紙には、タイトルだけでなく、プレゼンテーションの実施日、所属、発表者の氏名なども明記します。

◆インパクトがない
　発表者の属性が明記されていない

◆インパクトがある
　発表者の属性が明記されている

■統一感のあるスライド

レイアウトや配色が統一されていないと散漫な印象になり、重要なポイントが伝わりにくくなるため、全体に統一感のあるデザインにしましょう。スライドのデザインをそろえるだけでなく、スライドに配置する図形やグラフのデザイン（色、線の太さ、立体や影の効果など）をそろえることが統一感を持たせるポイントです。

■適度な情報量

1枚のスライドにたくさんの情報を詰め込みすぎると空白部分が少なくなり、圧迫感があって読みにくいだけでなく、重要なポイントが目立たなくなってしまいます。空白には、情報を適切に区切る役割もあります。プレゼンテーション資料を作成する際には、行間を調整したり、段組みにしたりして、空白部分を活用して読みやすくなるように工夫しましょう。

■簡潔なスライドの見出し

発表者が何について話しているのかがわかるように、すべてのスライドに簡潔でわかりやすい見出しを付けます。
見出しを付ける際には、次のようなことに注意しましょう。

- 1行に収める
- 長くなりすぎないようにする
- 最も伝えたい内容を凝縮する
- 説明文にならないようにする
- できるだけ体言止めにする

◆スライドの見出しが長すぎてわかりにくい

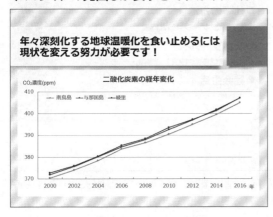

◆スライドの見出しが簡潔でわかりやすい

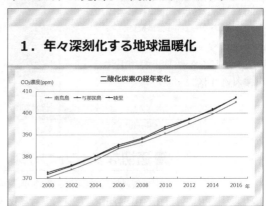

■視線の流れと情報の配置の関係

一般的に人の視線は、左から右、上から下に流れます。また、円状に配置された情報は、時計と同じで右回りに視線が流れます。プレゼンテーション資料では、この視覚原理に従って、聞き手の視線が自然に流れるように各要素を配置します。

◆視線の流れに逆らっていて、見にくい

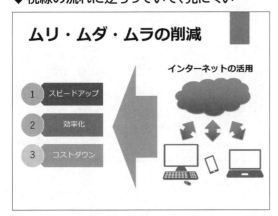

◆自然に視線が流れ、見やすい

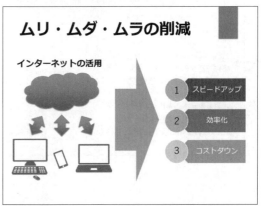

■ 適切なフォント

フォントは、プレゼンテーション資料の印象を大きく左右するデザイン要素の1つです。一般的に、本文は明朝系、タイトルや見出しなどはゴシック系を使います。フォントはそれぞれ独自の雰囲気を持っているので、伝えたい内容に合わせて適切なフォントを使い分けることが大切です。

◆ ポップな印象と固い印象のフォントが混在している

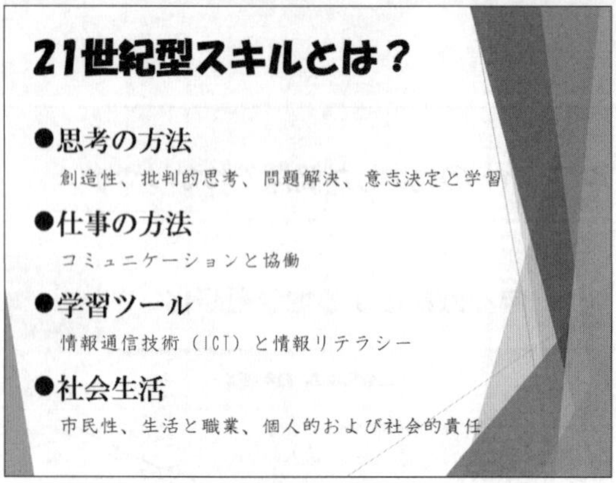

◆ ゴシック体は線の太さが一定で安定感がある

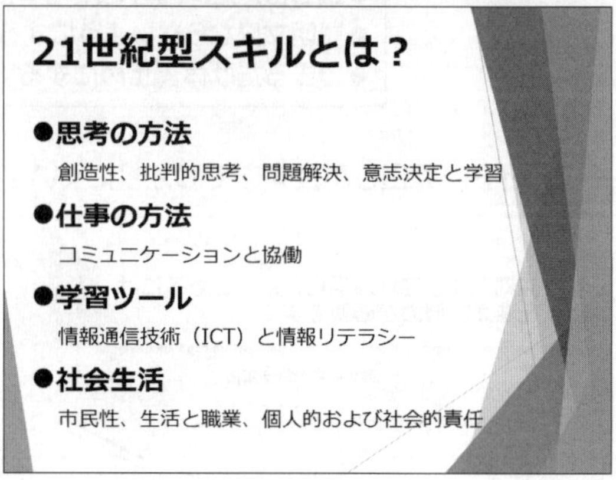

■ 適切なフォントサイズ

人の視線は、自然に大きな文字の方に流れます。タイトルや見出し、重要度の高い言葉などは、フォントサイズを大きくすると、聞き手が認識しやすくなり効果的です。特に見出しに相当する部分は、本文と同じフォントサイズでは埋没してしまいます。見出しと本文の関係を考慮し、全体のバランスに注意しながら、適切なフォントサイズを選びましょう。

◆ 見出しが本文に埋没していて目立たない

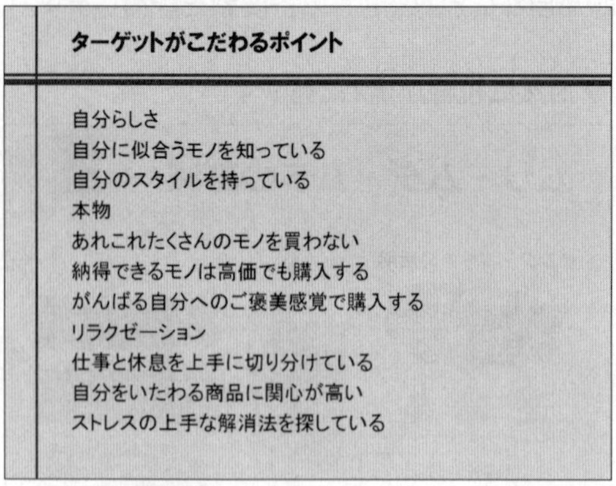

◆ 見出しが強調され、メリハリがある

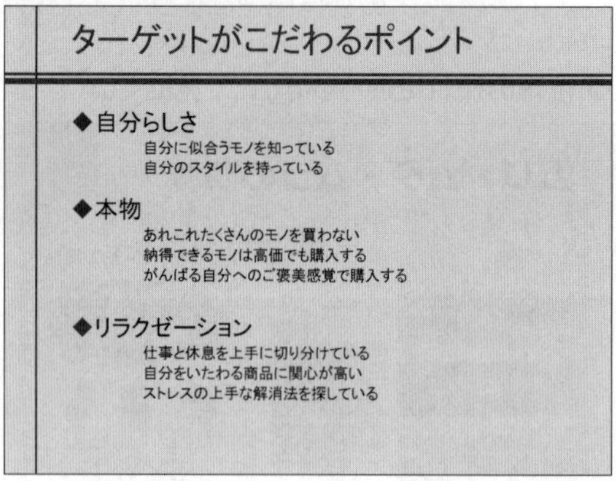

■スライド番号

表紙を除くすべてのスライドにスライド番号を入れます。番号を振っておくことで、プレゼンテーションの場で、確認したい箇所や質問したい箇所を指定しやすくなります。さらに、「5／15」のように合計スライド数を入れておくと、プレゼンテーションの進行状況の目安にもなります。

■見る資料

プレゼンテーション資料は、文字だけで構成された**「読む資料」**よりも、聞き手の視覚に訴える資料、すなわち**「見る資料」**を作成すると効果的です。視覚に訴えることによって、聞き手の記憶に残りやすくなります。どのような見せ方をすると、主張したい内容が正確かつ短時間で伝わるかを考え、**「見せる」**というより、むしろ**「魅せる」**つもりで作成するとよいでしょう。

視覚に訴える表現方法には、次のようなものがあります。それぞれの表現方法の特長を知り、説明する内容に応じて適切に使い分けましょう。

表現方法	特長
箇条書き	●簡潔な文章で要点だけを抽出できる。 ●重要なポイントを強調できる。
表	●多くの項目や細かい数値などを整理できる。 ●データ同士のまとまりが明確になる。 ●データ間の比較ができる。
グラフ	●数値を視覚的に表現できる。 ●数値の大きさや動きを瞬時に判断できる。
画像 （イラスト・写真）	●主張したい内容に合った雰囲気を演出できる。 ●文字だけでは伝わりにくい内容を具体的かつ詳細に伝えることができる。
図解	●複数の要素間の関係をわかりやすく表現できる。 ●文字だけでは伝わりにくい内容を直感的に理解できる。
色	●重要なポイントを強調できる。 ●単調になりがちな資料にメリハリを与える。 ●主張したい内容に合った雰囲気を演出できる。

2 箇条書きによる表現

「箇条書き」は、要点を整理し、簡潔に説明するのに便利な表現方法です。プレゼンテーション資料に長い文章が書かれていると、聞き手は読むことに集中しなければならず、発表者の話を聞き逃してしまうだけでなく、内容を理解するのに時間がかかってしまいます。

文章を箇条書きにすると、要点が抽出された短文になり、聞き手は発表者が伝えようとしている内容をすばやく把握できます。また、情報の優先順位を示すことができる、発表者が1つずつ順を追って説明できるといったメリットもあります。

箇条書きにする際は、次のようなことに注意しましょう。

- 1つの箇条書きに1つの要点を述べる
- 各項目はできるだけ1行以内で収める
- 冗長な修飾語や接続語は削除する
- 文体はである調、または、体言止めにする
- 句読点の扱いを統一する
- 重要な語句は括弧で囲む
- 情報のまとまりを考え、必要に応じて階層化する
- 必要に応じて、重要度や時系列の順番に並べ替える

◆箇条書きのレベルがすべて同じで内容を把握しにくい

スキル診断システム「FITS2018」
- 派遣登録者のスキルを診断
- 登録者のスキルを評価
- 登録者の基本情報も登録
- 各専門分野に対応
- ITスキル、語学スキル、医療スキルなど
- 多彩なスキルカテゴリを用意
- ITスキル＝タイピングレベルからネットワークレベルまで
- 語学スキル＝日常会話から通訳・翻訳まで
- 医療スキル＝介護支援知識から専門医療知識まで

◆箇条書きが階層化されていて内容が把握しやすい

スキル診断システム「FITS2018」
- 派遣登録者のスキルを診断
  - 登録者のスキルを評価
  - 登録者の基本情報も登録
- 各専門分野に対応
  - ITスキル、語学スキル、医療スキルなど
- 多彩なスキルカテゴリを用意
  - ITスキル＝タイピングレベルからネットワークレベルまで
  - 語学スキル＝日常会話から通訳・翻訳まで
  - 医療スキル＝介護支援知識から専門医療知識まで

Point ▶▶▶

行頭文字の設定

箇条書きの各項目の先頭に「行頭文字」を設定すると、メリハリが出て読みやすくなります。順序を示す箇条書きには「①②③・・・」、注釈を示す箇条書きには「※」のように、内容に合わせて適切な行頭文字を付けると、よりわかりやすくなります。ただし、1枚のスライドの中で行頭文字を多用すると、わかりにくくなるので注意が必要です。

3 表による表現

「表」は、多くの項目を整理したり、項目同士を比較したりするのに便利な表現方法です。表にすると、文章で表現するよりも要点を簡潔に伝えることができ、細かい数値や内容も把握しやすくなります。

箇条書きにしたものを表にすると、同じ内容でも異なる見え方になります。

表は単調になりがちなので、メリハリを付けて、より見やすくするようにします。

表にする際には、次のようなことに注意しましょう。

- ●説明すべきポイントを絞り込み、表の項目はできるだけ減らす
- ●見出し行の文字は、基本的に中央揃えで表示する
- ●見出し行は背景色を変えたり、明細行より太くしたりして、明細行と区別する
- ●金額などの数値は、項目同士の比較がしやすいように右揃えで表示する
- ●文字数が比較的多い項目は、文字を左揃えで表示する
- ●明細行が多い場合は、行に交互に色を付ける
- ●強調したいセルに色を付けたり、フォントサイズを大きくしたりする

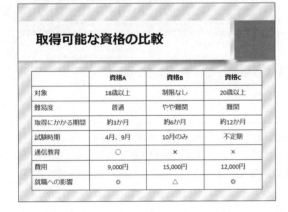

◆強調したいポイントがわかりにくい　　◆強調したいポイントが明確である

4 グラフによる表現

「グラフ」は、数値の大小や変動を直感的に伝えるのに便利な表現方法です。グラフにすると、数値を視覚的に印象付けることができ、数値の差が大きいのか小さいのか、緩やかな変化なのか急激な変化なのかといったことを、ひと目で理解できます。

第2章で紹介したとおり、グラフには様々な種類があります。それぞれのグラフの特徴を正しく理解し、伝えたい内容に合わせて適切に使い分けましょう。

※グラフの種類と特徴については、P.60「第2章　Step3　グラフを使ってデータを視覚化しよう」を参照してください。

5 画像による表現

「イラスト」や「写真」などの画像は、聞き手にスライドの内容を具体的に伝え、雰囲気を演出するのに便利な表現方法です。画像を使うと、聞き手に興味や関心を持たせることができます。ただし、イラストや写真が持っているイメージが、そのままプレゼンテーション全体のイメージになってしまうため、使い方には注意が必要です。

◆ 文字だけでは、情報が伝わりにくい

◆ 画像があると、情報が伝わりやすい

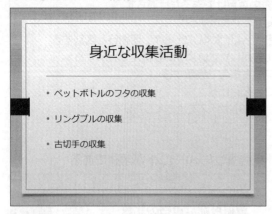

イラストや写真を使う際には、次のようなことに注意しましょう。

■内容に合った画像を使う

内容にまったく関係のない画像は、聞き手の混乱を招いたり、中身のない薄っぺらな印象を与えたりすることがあります。また、余白を埋めるためなどの理由で安易に画像を使うと、聞き手の視線が画像に集中してしまい、本来伝えるべき重要なポイントが埋没してしまう可能性があります。画像が持っているイメージがプレゼンテーションの内容に合っているかどうか、本当に必要な画像かどうかを考えて使うようにしましょう。

■画像のタッチをそろえる

複数の画像を使う場合は、プレゼンテーション資料全体を通して画像のタッチや雰囲気を統一するようにします。例えば、あるスライドでは漫画風のイラストを使い、別のスライドではリアルな描画のイラストを使うなど、スライドごとに画像のタッチが異なると、聞き手に煩雑な印象を与えてしまい、プレゼンテーションのテーマがぼやけてしまうことがあります。

■ひと目で理解できる画像を使う

何を表現しているのかが直感的に理解できる画像を使います。被写体がはっきりしない写真や、抽象的すぎるイラストは、聞き手がその意味を理解するために混乱する可能性があります。

6　図解による表現

「図解」とは、複数の要素間の関係を、図を使って視覚的に説明することです。図解は、文字だけでは伝えにくい内容を直感的に理解してもらうのに便利な表現方法です。図解を使うと、聞き手はひと目で全体像を把握することができ、箇条書きにするよりもインパクトを与えることができます。

図解を作成する際は、伝えたい内容を箇条書きにし、箇条書きのそれぞれの項目がどのような関係にあるかを考えます。次に、項目間の関係を表現するのに最適な図解パターンを検討するようにします。

■図解パターンの種類

図解パターンには、次のような種類があります。

種類	パターン	説明
相互関係		複数の要素の相互関係を表す。
順序		時系列に変化する内容を表す。
循環		繰り返し循環する内容を表す。
階層		階層や構造を表す。
位置関係		座標を使って位置関係を表す。

■図解パターンのアレンジ

図解パターンが決まったら、箇条書きの項目数に合わせて、図解を構成する部品をアレンジしていきます。部品の数を増減したり、部品の形状を変えたり、線を引いたり、線を矢印にしたりなど、様々なアレンジの方法があります。部品をアレンジすることによって、同じ要素でも違った見え方になります。

表現したい内容に合った適切なアレンジを加えて、よりわかりやすい図解を作成しましょう。

種類	パターンのアレンジ
相互関係	
順序	
循環	
階層	
位置関係	

Point ▶▶▶

図解の作成例

最適な図解パターンを選び、部品に適切なアレンジを加えることで、ほとんどの図解は思いどおりに表現できます。
また、見栄えを調整することで、インパクトのあるわかりやすいものにできます。
図解の様々な作成例を確認しましょう。

●相互関係

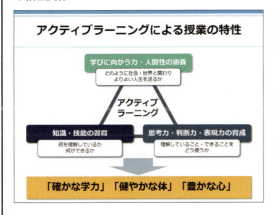

●順序

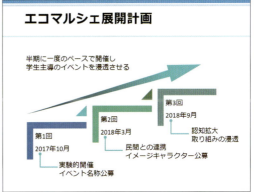

●循環

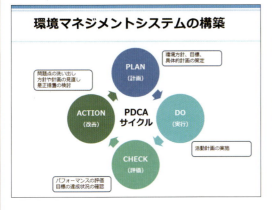

●階層

●位置関係

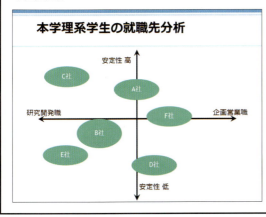

7　色による表現

「色」もまた、プレゼンテーション資料の印象を大きく左右する要素の1つです。色には、伝えたい内容の全体像を視覚的に印象付ける力があります。色をたくさん使うと華やかな印象になり、人の目を引きやすいと思われがちですが、プレゼンテーション資料の場合は、色数が多いと重要なポイントが伝わりにくくなることがあります。一般的に、1枚のスライドの中で使う色数は、3～6色が適切であるといわれています。強調したいポイントの色を変えるなどして、メリハリのあるプレゼンテーション資料になるようにします。

訴求力のあるプレゼンテーション資料を作成するために、次のような色による表現方法について理解しておきましょう。

■色の三属性

色には、「色相」「明度」「彩度」という3つの属性があります。プレゼンテーション資料を作成するうえで、これらの属性を理解することで、色の統一感を出したり、伝えたい内容に合う色の組み合わせを考えたり、アクセントに目立つ色を用いたりなど、様々な工夫をすることができます。

■色相

色相（しきそう）とは、赤、黄、青、緑といった色味・色合いのことです。色相を表すためによく使われるのが、次のような「色相環」です。色相環とは、代表的な色を円状に並べたもので、12色で表したり、24色で表したりします。色相環を使うと、「暖色系」「寒色系」「中間色系」などの分類や、「隣接色」「補色」の関係などがひと目でわかるので便利です。

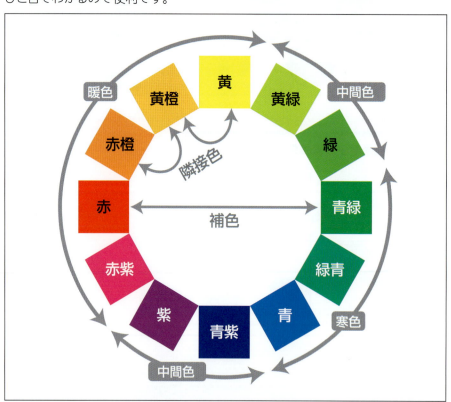

分類	説明	雰囲気
暖色系	暖かみの感じられる色	暖かい、明るい、活発
寒色系	寒い感じを与える色	寒い、冷たい、冷静
中間色系	暖色系と寒色系の中間にある色	落ち着き、実直
隣接色	色相環の中で隣に配置されている色	調和、融合
補色	色相環の中で真反対に配置されている色	対比、反発

■明度

明度とは、色の明るさのことです。明度を上げれば上げるほど白に近くなり、下げれば下げるほど黒に近くなります。

■彩度

彩度とは、色の鮮やかさのことです。彩度を上げれば上げるほど原色に近い派手な色味になり、下げれば下げるほど落ち着いた地味な色味になります。

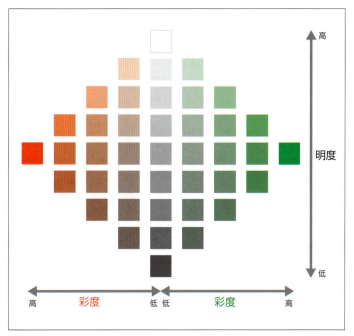

Point ▶▶▶

有彩色と無彩色

色は、大きく「有彩色」と「無彩色」の2つに分類することもできます。有彩色とは、色味のある色のことです。赤、黄、青など、一般的に「色」といわれる色を指します。一方、無彩色とは、白や黒、グレーなど、いわゆる色味のない色のことです。

■ 色調が与える印象

「色調」とは、色の明度（明るさ）や彩度（鮮やかさ）、濃淡などの調子のことです。「トーン」ともいいます。色調のバランスを考慮した色づかいは、それぞれの色味は異なっていても統一感や安定感があります。また、色調の違いによって、様々な雰囲気を演出できます。

代表的な色調と色調が与える印象には、次のようなものがあります。伝えたい内容のイメージに合う色調を選び、見た目にも美しく、より完成度の高いプレゼンテーション資料を目指しましょう。

色調	説明／雰囲気	色調の例
ペールカラー	●淡く薄い色づかい ●優しく、かわいらしい印象や軽快な印象を与える反面、はかない印象を与えることもある	
パステルカラー	●淡くやわらかな色づかい ●ロマンティックで女性的な印象や、軽快な印象を与える反面、ぼんやりとした印象を与えることもある	
グレイッシュカラー	●グレーがかった、濁ったような色づかい ●しっくりと落ち着いた印象を与える反面、陰気で地味な印象を与えることもある	
ビビッドカラー	●鮮やかな色づかい ●元気で活動的な印象を与える反面、派手で落ち着きのない印象を与えることもある	
ダークカラー	●安定感のある暗めの色づかい ●落ち着いた男性的な印象を与える反面、暗く地味な印象を与えることもある	
ディープカラー	●重厚感のある濃い色づかい ●和風の印象や大人っぽい印象を与える反面、重苦しい印象を与えることもある	

■配色が与える印象

「配色」とは、色の組み合わせのことです。色の組み合わせによって、様々な雰囲気を演出できます。

配色が与える印象には、次のようなものがあります。伝えたい内容やターゲットに合わせて適切な配色を選ぶと、聞き手に関心を持たせることができ、プレゼンテーション資料の訴求力が高まります。

雰囲気	配色の例
暖かい、親しみやすい	
冷たい、理知的	
やわらかい、優しい	
活発、にぎやか	
華やか、軽やか	
重厚、落ち着き	
穏やか、落ち着き	
モダン、クール	

Point ▶▶▶

配色を選ぶコツ

いざ色を付けようとすると、豊富な色数に惑わされて、迷ってしまうことがあります。扱う色数が増えれば増えるほど、すっきりとまとめるのは難しくなります。慣れるまでは色数を抑え、慣れてきたら少しずつ色数を増やしてみましょう。

配色を決定する際には、まず基本となる文字色と背景色、次にアクセントになる色、さらに、それらをなじませる融合色という順番で選んでいくと、比較的決めやすくなります。なお、文字色と背景色は、特に読みやすさに注意して色の組み合わせを選ぶようにしましょう。

Point ▶▶▶

色づかいの工夫

ちょっとした色づかいの工夫で、プレゼンテーション資料の印象は大きく変わります。単に見栄えにこだわるのではなく、聞き手の目線に立ち、伝えたい内容が効果的に伝わるかどうかを考えながら、使う色を決定していきましょう。スライドの色づかいを工夫するポイントには、次のようなものがあります。

●文字の読みやすさに配慮する

プレゼンテーションの内容と色の関係だけでなく、文字の読みやすさに配慮することも大切です。例えば、濃い色の背景に濃い色の文字を重ねたり、白地の背景に薄い色の文字を重ねたりすると、読みにくくなります。

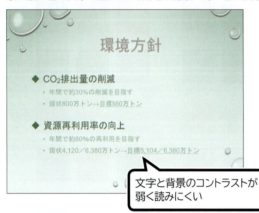

文字と背景のコントラストが弱く読みにくい

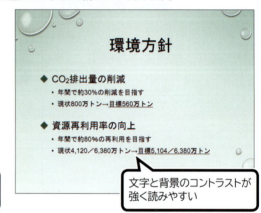

文字と背景のコントラストが強く読みやすい

●調和の取れた色を選ぶ

複数の色を使う場合は、偏った配色やまとまりのない配色にならないように、バランスを考慮することが大切です。例えば、赤、緑、青のように、色相環の中ではほぼ均等に離れた位置に配置されている色を選ぶと、調和の取れた色づかいになります。

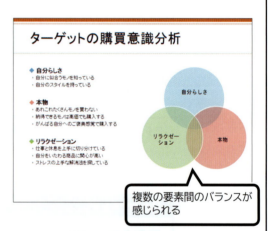

複数の要素間のバランスが感じられる

●一貫性を持たせる

スライドごとに色づかいを変えていると、統一感のないプレゼンテーション資料になり、聞き手に煩雑な印象を与えてしまいます。例えば、分類ごとに色を割り当てるなど、ルールを決め、すべてのスライドを通して色づかいに一貫性を持たせましょう。

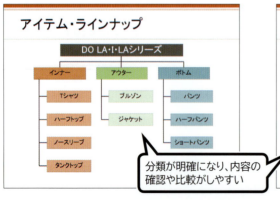

分類が明確になり、内容の確認や比較がしやすい

Step4 リハーサルをしよう

1 リハーサルの必要性

「リハーサル」とは、本番の予行演習のことです。プレゼンテーションの本番は誰でも緊張するものです。緊張しすぎると、発表時間が足りなくなったり、予期せぬ出来事が起こったときに慌ててしまったり、適切に対処できなくなることもあります。最後まで堂々と落ち着いてプレゼンテーションに臨むためにも、事前に必ずリハーサルを行いましょう。リハーサルでは、プレゼンテーション資料のミスを発見したり、話の展開に無理がないかどうかを確認したりすることができます。また、プレゼンテーションの所要時間の目安もつかめるため、時間配分を検討したり、構成を見直したりすることもできます。

リハーサルを本番直前に行うと、構成やシナリオを見直したり、プレゼンテーション資料を修正したりする時間が足りなくなり、結局は準備不足のまま本番に臨むことになります。より効果的なプレゼンテーションを実施するためにも、リハーサルは本番直前に行うのではなく、できるだけ早い段階から何回か行いましょう。

2 シナリオの作成

「シナリオ」とは、発表者がプレゼンテーション資料の内容を説明する際に参考にする台本のようなものです。より効果的なプレゼンテーションを実施するためには、訴求ポイントが聞き手にわかりやすく伝わるように説明しなければなりません。プレゼンテーション資料に書いてあることを棒読みするだけでは、聞き手は退屈してしまいます。スライドに書かれていないことを補足したり、ユーモアを交えたりしながら、聞き手を引きつける工夫が必要になります。

プレゼンテーションの準備段階で、あらかじめシナリオを作成し、聞き手に合った伝え方を考えておきましょう。ただし、作成するシナリオは要点を少し詳しくまとめる程度で、実際に話す内容をすべて書き出しておく必要はありません。

Point ▶▶▶

スピーチ原稿

シナリオだけでは不安を感じる人は、スピーチ原稿を作成しておくのも1つの方法です。
スピーチ原稿を作成する場合は、次のようなことに注意しましょう。
- 自分自身の言葉で書く
- 書き言葉ではなく、話し言葉で書く
- 原稿はできるだけ暗記しておき、プレゼンテーションの際に原稿に目を落とす頻度を少なくする
- スピーチ原稿に頼りすぎて、棒読みにならないようにする

3 表情・姿勢・話し方

発表者のパーソナリティは、プレゼンテーションの成否を大きく左右する要素の1つです。人は一般的に、好感の持てる人の話には真剣に耳を傾けますが、好感の持てない人の話には耳を傾けようとしない傾向にあります。
プレゼンテーションを実施することが決まったら、リハーサルの段階から次のような点を心がけましょう。

■表情

笑顔は、聞き手との間に友好的な雰囲気を作り出し、好感度を上げることができます。プレゼンテーションを実施している間は、緊張により真剣な顔になりがちですが、聞き手に威圧感を与えることもあります。終始にこにこ笑っている必要はありませんが、挨拶のときや聞き手から質問を受けているときなど、意識的に口角を少し上げるようにするとよいでしょう。

■姿勢

腕を組んだり腰に手をあてたりした状態で話すと、聞き手に威圧感を与えたり、悪い印象を持たれたりします。また、背中を丸めたり、うつむいたりした状態で話すと、自信がないように受け取られてしまいます。プレゼンテーションでは、美しい姿勢を保ち、堂々とした姿勢で話すことが重要です。
プレゼンテーションを実施する際には、次のような姿勢を心がけましょう。

- 背筋を伸ばして立つ
- 重心を足の指の付け根におく
- 頭をまっすぐにして、軽くあごを引く
- 肩の力を抜いて左右の高さをそろえ、胸をはる
- 両足を軽く開く
- 聞き手の方に、体を向ける

■話し方

プレゼンテーションでは、聞き手全員にはっきりと聞こえるように、大きな声で話します。単に大声を出すのではなく、抑揚を付けたり、強調したい内容を繰り返したりして、メリハリのある話し方になるように工夫しましょう。また、次のような点を心がけます。

- 敬語は正確に使う
- 口癖をなくすように努める
- 声がよく通るように発声する
- 適度なスピードで話す
- 適度な間をとる
- 身振り手振りを交える

4　リハーサルの実施

リハーサルには、一人で行う「自己リハーサル」と、第三者の立ち会いのもとで行う「立ち会いリハーサル」があります。

■自己リハーサル

まずは自己リハーサルで練習を重ね、自信を付けましょう。
自己リハーサルを行う手順は、次のとおりです。

1　プレゼンテーションの内容を確認する
・シナリオを使って、プレゼンテーションの内容を確認する。

2　時間配分や強調すべきポイントを検討する
・各項目の説明にかける時間配分や、説明のポイントおよび強調の仕方などを検討する。

3　声に出して練習する
・シナリオを見ながら、自分の言葉で説明する。
・できるだけ本番と同じスピードで話すようにして、所要時間を確認する。

4　話し方や説明の仕方を検討する
・スムーズに説明できなかった箇所や、説明がわかりにくかったと思われる箇所をチェックし、適切な説明に変更する。

5　繰り返し練習する
・修正した箇所を中心に、繰り返し練習する。
・シナリオの各ページをひと目見ただけで、すらすらと説明できるまで練習する。

■立ち会いリハーサル

自己リハーサルで練習を重ねたら、見直すべき点を修正したうえで、立ち会いリハーサルに臨みます。立ち会いリハーサルには、2～3人の人に立ち会ってもらい、評価者の視点に加え、聞き手の視点でも評価してもらうようにしましょう。
立ち会いリハーサルを行う手順は、次のとおりです。

1　立ち会いを依頼し、評価項目を説明する
・立ち会いを依頼する人のスケジュールを確認し、依頼する。
・リハーサルの場所を確保する。
・事前に、評価してもらう項目と評価基準を説明する。

2　リハーサルを行う
・練習したとおりにプレゼンテーションを実施する。

3　評価結果を確認する
・リハーサルが終わったら、立ち会った人の評価結果を確認する。
・必要に応じて、その場で感想やアドバイスをもらう。

4　プレゼンテーションを再検討する
・立ち会った人からの評価とアドバイスをもとに、全体の構成や説明の仕方、プレゼンテーション資料などを再検討し、改善する。

Step5 発表しよう

1 発表の流れ

プレゼンテーション資料の作成、リハーサルなどの準備を重ね、いよいよプレゼンテーションの本番です。
プレゼンテーションを実施する際は、次のような手順で行います。

❶ 挨拶をする

- 出席者に対してお礼の言葉を述べる。
  <例>「本日はお忙しい中、お時間をいただきまして誠にありがとうございます。」
  「本日はお足元の悪い中、お集まりいただきまして誠にありがとうございます。」(悪天候の場合)

❷ 自己紹介をする

- 所属、氏名などを名乗り、プレゼンテーションの開始を宣言する。
  <例>「本日○○の説明を担当する○○です。よろしくお願いします。」
  「○○大学○○学部○○と申します。○○について説明いたします。よろしくお願いします。」

❸ 予定時間を説明する

- 所要時間の目安を告げる。
  <例>「○○についての説明は○○分(時間)を予定しております。」

❹ 注意事項を説明する

- プレゼンテーションを中断させる携帯電話の使用や質問などについて、注意事項を説明しておく。
  <例>「プレゼンテーション中は携帯電話の電源をお切りいただきますようご協力をお願いいたします。」
  「ご質問につきましては、プレゼンテーション終了後、質疑応答の時間を設けておりますので、そちらでお願いいたします。」

❺ 配布物を確認する

- 配布物に漏れや間違いがないかどうか、聞き手に確認を促す。
  <例>「お手元に○○と○○があることをご確認ください。」

❻ プレゼンテーションを開始する

- これから本題に入ることを告げる。
  <例>「それでは、説明に入らせていただきます。」
- 聞き手の反応を確認しながら、プレゼンテーションを実施する。

❼ 質疑応答の時間を設ける

- 発表が終了したら質疑応答の時間を設ける。
  <例>「ただいまの説明について、ご質問はございますか。」

❽ プレゼンテーションを終了する

- プレゼンテーションを聞いてくれたことに対して出席者にお礼を述べる。
  <例>「ご清聴ありがとうございました。」

2　プレゼンテーションの実施

発表前の挨拶や注意事項の説明が済んだら、プレゼンテーションの本題に入ります。リハーサルで練習したとおりに、熱意と自信を持って発表しましょう。
発表中は緊張して余裕がなくなる場合もありますが、緊張を少しでも和らげるために、次のような方法で気持ちをコントロールするとよいでしょう。

- 一定の緊張感があった方が、プレゼンテーション全体が引き締まるという気持ちで発表する
- 「十分に準備をしてきたのだから大丈夫」と自分に言い聞かせる
- プレゼンテーションの開始時間よりも30分程度余裕を持って会場に入り、その場の雰囲気に慣れておく
- 深呼吸をしたり肩の力を抜いたりして、発表前に気持ちを落ち着かせる

また、プレゼンテーション実施中は、資料やシナリオばかりに目を向けず、聞き手の表情をよく観察しながら話しましょう。聞き手が退屈している様子が見られた場合には、聞き手に受け入れてもらえる内容になっていない、発表者の説明に説得力がない、聞き手が十分に理解できていないなどの原因が考えられます。原因がどこにあるのかを特定し、聞き手の反応を見ながら自分の世界に引き込む努力をしましょう。

3　質疑応答

発表が終了したら、「質疑応答」の時間を設けます。
質疑応答は、プレゼンテーションの内容が発表者の意図したとおりに理解されたかどうかを確認する貴重な機会です。また、質疑応答を通して、さらに理解が深まることもあります。
質疑応答では、次のような点に注意しましょう。

- 想定される質問に対して、その回答を用意しておく
- 聞き手が質問しやすい雰囲気を作る
- 質問は復唱する
- 質問にそった回答になっているか確認する

4　プレゼンテーションの終了

プレゼンテーションの最後は、聞き手がプレゼンテーションを聞いてくれたことに対してお礼を述べます。さらに、聞き手が会場を気持ちよく退出できるように、最後まで配慮することが大切です。最後の聞き手が会場を退出するまで出口の近くに立って見送ります。

> **Point ▶▶▶**
>
> ### 服装と身だしなみ
>
> だらしない服装や身だしなみは、聞き手に与える印象を悪くします。プレゼンテーションを実施する際の服装は、聞き手に失礼のないものを選びます。
> 服装と身だしなみは、次のような点をチェックしましょう。
>
> | 項目 | チェックポイント |
> | --- | --- |
> | ワイシャツ
ブラウス | 清潔な雰囲気を与えるか
ほころびや汚れはないか
色柄は派手すぎないか |
> | ネクタイ | スーツと調和しているか
曲がっていないか |
> | ズボン | 折り目は付いているか
裾がほつれていないか |
> | スカート | 丈の長さは適当か
裾がほつれていないか |
> | 靴下 | 清潔か
服装と調和しているか |
> | 靴 | 磨かれているか
かかとはすり減っていないか |
> | アクセサリー | 華美でないか
多すぎないか |
> | 髪 | フケが付いていないか
長い場合はまとめているか |
> | ひげ | きちんと剃ってあるか |
> | 爪 | 伸びすぎていないか
派手なマニキュアをしていないか |
> | 化粧 | 清潔な雰囲気を与えるか
健康的な印象を与えるか |

5 配布資料

プレゼンテーションを実施する際には、必要に応じて、プレゼンテーション資料を印刷して聞き手に配布します。配布資料が手元にあると、聞き手は、プレゼンテーション中に参考にしたり、メモを書き込んだりすることができます。また、プレゼンテーションの終了後に持ち帰って、もう一度目を通したり、検討したりすることもできます。

プレゼンテーション資料を印刷して配布資料を作成する場合は、次のようなことに注意しましょう。

■色の出方を確認する

プリンターによって、色の出方が微妙に異なることがあります。意図したとおりの色合いかどうかを確認し、極端に異なる場合は、必要に応じて色を変えるか、プリンター側で微調整を行いましょう。

また、カラーで作成したプレゼンテーション資料を白黒で印刷すると、濃淡の具合によって、文字や図形などが見にくくなることがあります。印刷する前に白黒の濃淡を確認し、見にくい部分は調整します。

■ページレイアウトを工夫する

プレゼンテーション資料の各ページの情報量と、聞き手がメモするスペースを考慮しながら、1ページに何枚分のスライドを配置するかを決めます。情報量の多いプレゼンテーション資料の場合、1ページにあまり多くのスライドを配置すると、かえって読みにくくなってしまいます。特に重要なプレゼンテーションの場合は1ページに1枚を基本とし、多くても4枚程度にするとよいでしょう。PowerPointなどのプレゼンテーションソフトを利用すると、聞き手がメモを書き込むためのスペースを付けて印刷することも可能です。

1ページに2枚印刷

メモ付きで1ページに3枚印刷

■ページ番号を入れる

ページ数が多くなる場合は、ページ番号を入れます。説明の際にも、配布資料のページ番号を示して話を展開することができるため、聞き手が目的のページを探しやすくなります。

■誤字や脱字などを確認する

誤字や脱字、間違いの多い資料は、聞き手に不信感を抱かせる原因になります。また、内容の間違いに気付かずにいると、聞き手が書いてあるとおりに理解してしまい、思わぬトラブルにつながることも考えられます。配布前に、表記や内容に間違いがないかどうかを念入りにチェックしましょう。

■著作権の所在を明記する

書籍や新聞、インターネットのWebサイトなどから引用した情報やデータを利用する場合は、必ず著作権の所在や出典元を明記します。

■必要な情報を抜粋する

配布資料は、必ずしもプレゼンテーション資料と同じである必要はありません。例えば、公式な場で発表する前の研究成果などは、プレゼンテーション資料だけに掲載し、配布資料には掲載しないようにすることもできます。このように必要に応じて情報を抜粋し、配布資料が独り歩きしても問題のないようにしておきましょう。

Step6 資料作成に便利なPowerPointの機能

1 テーマ

プレゼンテーションに「テーマ」を適用すると、すべてのスライドを統一したデザインにすることができます。テーマには配色やフォントが登録されているので、選択するテーマによってイメージが変わります。

テーマ「イオンボードルーム」　　　テーマ「オーガニック」

How to ▶ テーマの適用

◆《デザイン》タブ→《テーマ》グループの ▼ （その他）→一覧からテーマを選択

Point ▶▶▶

テーマをアレンジする

それぞれのテーマには、背景と配色が異なるバリエーションが用意されています。バリエーションを変更すると、簡単にアレンジでき、印象を変えることができます。
また、テーマの「配色」「フォント」「効果」「背景のスタイル」は、個別に設定を変更することもできます。

<テーマ「インテグラル」のバリエーションの例>

How to ▶ バリエーションの変更

◆《デザイン》タブ→《バリエーション》グループの ▼ （その他）→一覧からバリエーションを選択

How to ▶ 配色・フォント・効果・背景のスタイルの変更

◆《デザイン》タブ→《バリエーション》グループの ▼ （その他）→《配色》／《フォント》／《効果》／《背景のスタイル》→一覧から種類を選択

2 スライドの挿入

スライドには、「タイトルとコンテンツ」「2つのコンテンツ」「タイトルのみ」など、様々なレイアウトが用意されており、スライドを挿入するときに選択できます。
また、あとからスライドのレイアウトを変更することもできます。

タイトルとコンテンツ

2つのコンテンツ

タイトルのみ

How to ➡ 新しいスライドの挿入

◆《ホーム》タブ→《スライド》グループの ▦ （新しいスライド）の ▾ →一覧からレイアウトを選択
※新しいスライドは、選択されているスライドの後ろに挿入されます。

3 箇条書き・段落番号

プレースホルダーに文字を入力すると、自動的に箇条書きが設定されます。この箇条書きは、先頭の記号を変更したり、「1.2.3.」や「①②③」などの段落番号に変更したりできます。

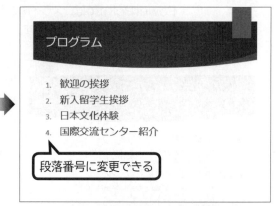

How to ➡ 箇条書き・段落番号の設定

◆プレースホルダーを選択→《ホーム》タブ→《段落》グループの ☱▾ （箇条書き）／ ☱▾ （段落番号）の ▾ →一覧から種類を選択

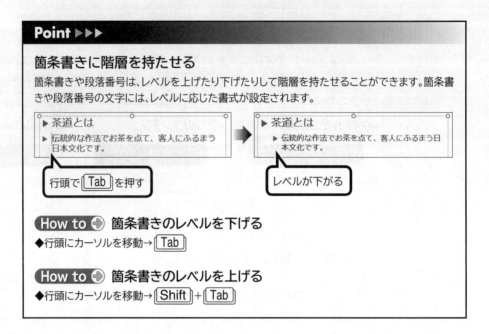

4 SmartArtグラフィック

SmartArtグラフィックを使うと、見栄えのする図解を簡単にスライドに挿入できます。
PowerPointでは、スライドに入力されている箇条書きを、SmartArtグラフィックに変換することもできます。

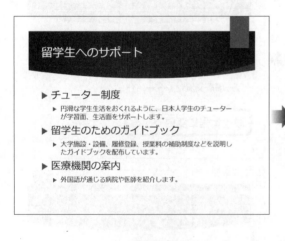
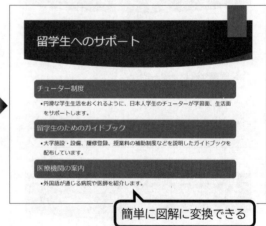

簡単に図解に変換できる

How to ▶ 箇条書きをSmartArtグラフィックに変換
◆箇条書きのプレースホルダーを選択→《ホーム》タブ→《段落》グループの ▦ （SmartArtグラフィックに変換）→一覧から種類を選択

How to ▶ SmartArtグラフィックの挿入
◆プレースホルダー内の ▦ （SmartArtグラフィックの挿入）→一覧から種類を選択
◆スライドを選択→《挿入》タブ→《図》グループの ▦ SmartArt （SmartArtグラフィックの挿入）→一覧から種類を選択

5 表

複数の項目についてスライドに表示したい場合は、表にまとめるとよいでしょう。表を使うと、項目ごとにデータを整列して表示でき、内容が読み取りやすくなります。

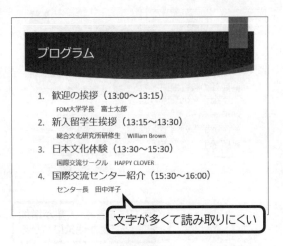

文字が多くて読み取りにくい

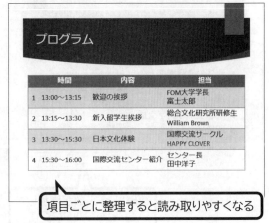

項目ごとに整理すると読み取りやすくなる

How to ▶ 表の作成

◆プレースホルダー内の ▦ （表の挿入）→《列数》/《行数》を指定
◆スライドを選択→《挿入》タブ→《表》グループの ▦（表の追加）→作成する行数と列数のマス目をクリック

6 画像（図）

スライドの内容に関連した写真やイラストなどの画像を入れると、ひと目で理解できるようになります。また、文字ばかりでなく、写真やイラストがスライドに入っていると、スライドの印象も明るくなり、聞き手を引きつける効果もあります。

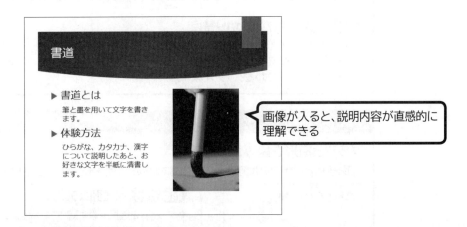

画像が入ると、説明内容が直感的に理解できる

How to ▶ 図の挿入

◆プレースホルダー内の （図）→ファイルの場所を指定→ファイルを選択→《挿入》
◆スライドを選択→《挿入》タブ→《画像》グループの （図）→ファイルの場所を指定→ファイルを選択→《挿入》

7 グラフ

グラフを使うと、データの推移や項目ごとの比率などを効果的に表現できます。
また、図形機能を組み合わせると、見せたいデータを強調することができます。

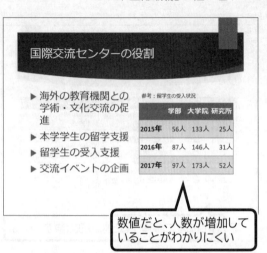

数値だと、人数が増加していることがわかりにくい

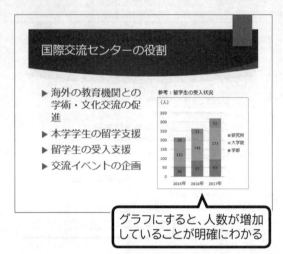

グラフにすると、人数が増加していることが明確にわかる

How to ▶ グラフの挿入

◆プレースホルダー内の ■(グラフの挿入)→グラフの種類を選択→《OK》→ワークシートに値を入力→データ範囲を調整
◆スライドを選択→《挿入》タブ→《図》グループの ■グラフ (グラフの追加)→グラフの種類を選択→《OK》→ワークシートに値を入力→データ範囲を調整

Point ▶▶▶

行/列の切り替え

棒グラフや折れ線グラフでは、ワークシートのA列に入力した項目名が項目軸に設定されます。ワークシートの1行目に入力した項目名を項目軸に設定する場合は、グラフ作成後に、データ範囲の行と列を切り替えます。データ範囲の行と列を切り替えると、項目軸と凡例が入れ替わります。

How to ▶ 行/列の切り替え

◆グラフを選択→《グラフツール》の《デザイン》タブ→《データ》グループの ■(行/列の切り替え)
※ワークシートが表示された状態で操作します。ワークシートが表示されていない場合は、■(データを編集します)をクリックします。

Point ▶▶▶

グラフと図形を組み合わせる

図形を使うと、グラフの強調したい部分を丸で囲んだり、吹き出しで補足したりできます。

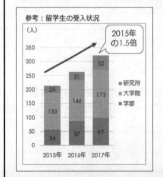

How to ▶ 図形の挿入

◆スライドを選択→《挿入》タブ→《図》グループの ■(図形)→図形の種類を選択

8 ヘッダー・フッター

ヘッダー・フッターを使うと、すべてのスライドに大学名や課題名、資料の作成日や発表日などを表示したり、スライドに連続した番号を振ったりできます。

スライド番号

フッター

How to ヘッダー・フッターの挿入

◆《挿入》タブ→《テキスト》グループの (ヘッダーとフッター)→《スライド》タブ→スライドに追加する内容を設定→《適用》/《すべてに適用》

※《タイトルスライドに表示しない》を ✔ にすると、フッターやスライド番号、日付などがタイトルスライドに表示されません。

9 アニメーション効果

「アニメーション効果」を適用すると、注目を集めたい文字を一文字ずつ表示したり、箇条書きやSmartArtグラフィックを説明したい順番に合わせて徐々に表示したりすることができ、スライドショーに動きを持たせることができます。
しかし、アニメーションの動きが派手だったり多用しすぎたりすると、逆に見づらくなって重要な箇所がわからなくなる可能性もあるので注意が必要です。

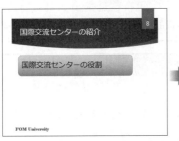
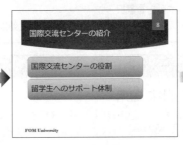
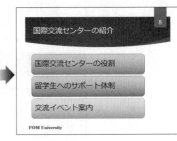

How to アニメーションの適用

◆スライドを選択→オブジェクトを選択→《アニメーション》タブ→《アニメーション》グループの ▼ (その他)→一覧からアニメーションを選択

> **Point ▶▶▶**
>
> ### アニメーション効果の動きをアレンジする
>
> SmartArtグラフィックにアニメーション「スライドイン」を適用すると、下方向からSmartArtグラフィックが表示されます。これを左から表示されるように変更したり、図形が別々に表示されるように変更したりしてアニメーションの動きをアレンジできます。
>
> **How to** 効果のオプションの設定
>
> ◆スライドを選択→オブジェクトを選択→《アニメーション》タブ→《アニメーション》グループの (効果のオプション)→一覧から方向や単位を選択
>
> ※効果のオプションのボタンは、選択したアニメーション効果によって異なります。

10 画面切り替え効果

スライドに「画面切り替え効果」を適用すると、スライドを切り替えるときの動きを設定できます。画面切り替え効果には、画面を上にスクロールするように切り替える、ページをめくるように切り替えるなど、様々な種類があります。
しかし、発表の内容や話の展開に合わない動きを設定すると、画面切り替えの動きが気になり、肝心な内容に集中できないかもしれません。画面切り替え効果を設定する場合は、発表内容に合っていて話を妨げないものを選ぶようにしましょう。

How to 画面切り替え効果の適用

◆スライドを選択→《画面切り替え》タブ→《画面切り替え》グループの ▼ （その他）→一覧から画面切り替え効果を選択

Point ▶▶▶

画面切り替え効果の動きをアレンジする
画面切り替え効果もアニメーション効果と同様に、画面の切り替わる方向や動きを変更できます。

How to 効果のオプションの設定

◆スライドを選択→《画面切り替え》タブ→《画面切り替え》グループの （効果のオプション）→一覧から方向や動きを選択
※効果のオプションのボタンは、選択した画面切り替え効果によって異なります。

Point ▶▶▶

すべてのスライドに適用
すべてのスライドに同じ画面切り替え効果を適用するには、1枚のスライドに画面切り替え効果を設定したあと、 すべてに適用 （すべてに適用）を使います。

Point ▶▶▶

スライドショー
スライドを画面全体に表示して、順番に閲覧していくことを「スライドショー」といいます。プレゼンテーションを実施する際に使います。スライドショーを実行すると、適用したアニメーションや画面切り替え効果を確認することもできます。

How to スライドショーの実行

現在のスライドからスライドショーを開始
◆スライドを選択→ステータスバーの （スライドショー）

スライド1からスライドショーを開始
◆ F5

11 ノート

プレゼンテーションを実施するときに使用するシナリオやスピーチ原稿は、「ノートペイン」に入力することができます。ノートペインに入力した内容を「ノート」といいます。ノートはスライドごとに入力できます。

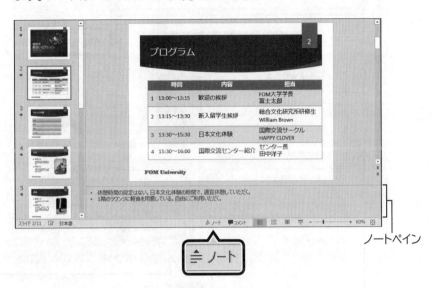

ノートペイン

How to　ノートペインの表示/非表示

◆ステータスバーの ≡ ノート （ノート）

※スライドペインとノートペインの境界線をドラッグすると、ノートペインのサイズを変更できます。

Point ▶▶▶

ノートの印刷

ノートの内容はスライドと一緒に印刷して、発表者用の資料として利用できます。また、カラーで作成したプレゼンテーションを、グレースケールや白黒で印刷できます。

How to　ノートの印刷

◆《ファイル》タブ→《印刷》→《フルページサイズのスライド》→《ノート》→《印刷》

How to　印刷の色の設定

◆《ファイル》タブ→《印刷》→《カラー》→《カラー》／《グレースケール》／《単純白黒》を選択

Point ▶▶▶

発表者ビュー

通常のスライドショーにはノートの内容は表示されません。「発表者ビュー」を使うと、ノートの内容を聞き手には見せずに、発表者だけが画面で確認できます。

How to 発表者ビューの実行

◆パソコンにプロジェクターを接続→《スライドショー》タブ→《モニター》グループの《モニター》を《自動》に設定→《モニター》グループの《☑発表者ツールを使用する》→スライドショーを実行

How to 発表者ビューを表示（プロジェクターがない環境）

◆スライドショーを実行→スライドを右クリック→《発表者ツールを表示》
※お使いの環境によって、《発表者ビューを表示》と表示されます。
※本番前に練習するときに使います。

Let's Try　プレゼンテーション資料の問題点と改善案を考えよう

1　どこが悪いか考えよう

新しくゼミに所属する学生が自己紹介を兼ねて、自分の趣味の奥深さ・楽しさを伝えるプレゼンテーションを実施することになり、次の条件を提示されました。

<条件>
① 趣味をアピールすることで自分のことを覚えてもらうだけでなく、興味を持ってもらい、コミュニケーションのきっかけを作ることを目的とする。
② プレゼンテーションの聞き手は、教授と先輩ゼミ生、新入ゼミ生の約30名とする。
③ 聞き手は自分のことをほとんど知らないと仮定する。名前も一致しない人がほとんどである。
④ 事前に行ったアンケート調査結果から、自分と共通の趣味を持つ人はいないことがわかっている。
⑤ 趣味を説明するための道具などは、プレゼンテーションの会場に持ち込めないものとする。
⑥ 各自のプレゼンテーションの持ち時間は、質疑応答を含めて5分とする。
⑦ プレゼンテーション資料には、実施日を記入する。

この条件に従って、次のような構成でプレゼンテーション資料を作成したところ、事前に目を通した教授から「視覚に訴える表現方法を効果的に使ったプレゼンテーション資料に修正するように」と改善の指示を受けました。このプレゼンテーション資料のどこに問題があるのかを考えてみましょう。

<構成>
```
1：表紙
2：コーヒーの魅力
3：味を左右する要素
4：抽出方法の種類
```

第3章 プレゼン発表力を磨く

1枚目

趣味の紹介：コーヒー

経済学部　経営学科
K10E172　山口真菜

2枚目

コーヒーの魅力

私の趣味はコーヒーを淹れることです。飲むのが好きだからこそ、コーヒーにはまったのですが、同じ豆でも淹れ方によって味が違うことを知ってからは、コーヒーを淹れるプロセスが楽しくなりました。どうしたら自分好みのコーヒーをつくりだせるかに挑戦するのが楽しいのです。

コーヒー豆の種類は200以上もあり、品質や挽き方はもちろん、水やフィルターの種類、温度などが違うだけで味が変わります。

また、抽出器具や抽出方法も複数あり、それぞれのメリットやデメリットを考えながら、道具を選んでいると楽しくなります。様々な淹れ方の中でも、最も身近で、しかも奥深いと思うのがペーパードリップ方式ですが、この方式だけをとってみても、抽出方法には複数の方法があり、それぞれの違いを楽しむのも醍醐味のひとつです。

こんな魅力的なコーヒー1杯で、私は幸せな気分になれます。

3枚目

4枚目

✏ **問題点を考えよう**

2　問題点を改善して作り直そう

1で考えた問題点をふまえ、次の条件に従ってプレゼンテーション資料を作り直しましょう。

<条件>
①表紙は、内容を把握しやすいタイトルを付け、印象付ける。
②各スライドには、内容を把握しやすい簡潔な見出しを付ける。
③次のような構成に変更し、一定の流れに従って展開する。

<構成例>

```
1：表紙
2：自己紹介
3：コーヒーの魅力
4：自分好みの追求①「味を左右する要素」
5：自分好みの追求②「抽出方法の種類」
6：自分好みの追求③「好きな抽出方法の説明」
7：まとめ
```

④フォントやデザインを全体で統一する。
⑤「コーヒーの魅力」のスライドは、箇条書きを効果的に使って、内容が簡潔に伝わるようにまとめる。
⑥「味を左右する要素」のスライドは、内容を整理して、ひと目で理解できるような図解で表現する。
⑦「抽出方法の種類」のスライドは、箇条書きを効果的に使って、内容が簡潔に伝わるようにまとめる。
⑧「好きな抽出方法の説明」のスライドは、次に示す「ペーパードリップ」の具体的な方式について調べ、それぞれの特徴を比較できるようにまとめる。

<方式の例>

```
メリタ式
カリタ式
コーノ式
ハリオ式　など
```

⑨表紙以外のスライドには、スライド番号を付ける。

Challenge 課題に取り組もう

1 課題に取り組もう

次の条件に従って、自分にもできる社会貢献を説明するプレゼンテーションを実施しましょう。

＜条件＞

① 学生である自分にどのような社会貢献ができるか、具体的にどのような取り組みを行うかを検討し、授業の中でプレゼンテーションを実施する。
② 提案内容は、5W2Hを意識し、ニーズや実現性があるものにする。
③ プレゼンテーションの聞き手は、この授業を担当する教員と受講生の約40名とする。ただし、聞き手だけでなく、社会貢献の対象者も意識した内容とする。
④ プレゼンテーションの会場は、50名程度が入る教室とする。
⑤ 各自のプレゼンテーションの持ち時間は、質疑応答を含めて10分とする。
⑥ PowerPointでプレゼンテーション資料を作成し、パソコンとプロジェクターを使って投影しながら説明する。
⑦ 投影用のプレゼンテーション資料はカラーで作成し、配布資料は白黒で作成する。

構成を書いてみよう

2 振り返って評価しよう

次の評価シートに従って、自分のプレゼンテーションを評価しましょう。

<評価シート>

資料作成・準備編

	評価項目	レベル 4（目標以上）	レベル 3（目標達成）	レベル 2（あと少し）	レベル 1（努力が必要）	評価
1	目的・主張	プレゼンテーションを実施することで、どのような成果を期待するのか、目的を明確にし、伝えるべき内容を整理している	プレゼンテーションを実施することで、どのような成果を期待するのか、目的を明確にしている	プレゼンテーションを実施することで、どのような成果を期待するのか、意識している	プレゼンテーションを実施することで、どのような成果を期待するのか、考えていない	
2	ニーズ・実現性	対象者のニーズを意識した実現性のある内容で、聞き手が共感できる	対象者のニーズを意識し、聞き手が共感できる内容である	対象者のニーズを意識しているが、実現性がない	対象者のニーズを意識していない	
3	ストーリーの組み立て	序論、本論、結論の一定の流れに従って論理的に展開されており、主張したい内容をわかりやすく伝える工夫をしている	序論、本論、結論の一定の流れに従って論理的に展開されており、主張にブレや矛盾がない	序論、本論、結論の一定の流れに従って説明しているが、論理的に展開されておらず、主張にブレや矛盾がある	序論、本論、結論の一定の流れに従って説明していないため、話の流れがつかみにくい	
4	デザイン	デザインに統一性があり、フォントやフォントサイズ、色づかいなどが適切で、工夫がみられる	デザインに統一性があり、フォントやフォントサイズ、色づかいなどが適切である	デザインに統一性はあるが、フォントやフォントサイズ、色づかいなど、視認性が悪い部分がある	デザインに統一性がない	
5	見出し	各スライドの内容を端的に表現し、興味を引く見出しが付いている	各スライドの内容を端的に表現した見出しが付いている	見出しは付いているが、各スライドの内容を端的に表現していない	見出しがないスライドがある	
6	表現方法	箇条書き、表、グラフ、画像、図解など、主張したい内容に合わせた適切な表現方法を選択し、直感的に理解できる説得力のある表現ができている	箇条書き、表、グラフ、画像、図解など、主張したい内容に合わせた適切な表現方法を選択している	箇条書き、表、グラフ、画像、図解などを使用しているが、表現方法の選択が適切でない	内容に応じた表現方法の使い分けをしていない	
7	情報量	各スライドの情報量が適度で、空白部分の使い方を工夫しており、伝えたい内容がひと目で把握できる	各スライドの情報量が適度で、行間を調整するなど、空白部分の使い方を工夫している	各スライドの情報量が適度であるが、空白部分の使い方に工夫がない	スライドによって情報量にばらつきがある	
8	シナリオ	要点をまとめたシナリオを作成しており、聞き手の反応や時間に合わせて調整できるように事前に検討している	要点をまとめたシナリオを作成している	シナリオを作成しているが、話す内容をすべて書き出している	シナリオを作成していない	
9	配布資料	誤字や脱字のない配布資料を白黒の濃淡を調整してから印刷している	誤字や脱字のない配布資料を白黒で印刷している	配布資料を用意しているが、誤字や脱字が多い	配布資料を用意していない	

[発表編]

第3章 プレゼン発表力を磨く

	評価項目	レベル				評価
		4（目標以上）	3（目標達成）	2（あと少し）	1（努力が必要）	
1	開始の挨拶	出席者にお礼の言葉を述べて開始を宣言しており、開始前には予定時間や注意事項を説明している	出席者にお礼の言葉を述べて開始を宣言している	開始の宣言をしているが、出席者にお礼の言葉がない	挨拶をしないで、いきなり本題に入っている	
2	進行	進行や機器の操作について、事前にしっかり確認できており、待ち時間をフルに活用した余裕のある進行である	機器の使い方に戸惑わずに、持ち時間どおりにスムーズに進行している	持ち時間どおりに実施しているが、機器の使い方に戸惑うなど、進行がスムーズではない	持ち時間を極端に超過したり、残したりしている	
3	態度	美しい姿勢と自然な笑顔で、聞き手の方に体を向けて、堂々と話している	美しい姿勢と自然な笑顔で、聞き手の方に体を向けて話している	姿勢と表情は意識しているが、画面やシナリオばかり見ていて、聞き手の方に体を向けていない	姿勢や表情など、発表態度が良くない	
4	話し方	はっきりと聞こえる声量で、適度なスピード、適切な間をとりながら、表現力豊かに話している	はっきりと聞こえる声量で、適度なスピード、適切な間をとりながら話している	はっきりと聞こえる声量であるが、話すスピードが速く、言葉に詰まって途中で黙ってしまうことが多い	はっきりと聞こえない声量である	
5	言葉の使い方	口癖や敬語の使い方に注意し、聞き手に応じて、専門用語や略語などは具体例や比喩を使いながらわかりやすく説明している	口癖や敬語の使い方に注意し、専門用語や略語などをわかりやすく説明している	口癖や敬語の使い方に注意しているが、専門用語や略語が多く、説明がわからない部分がある	口癖が多く、間違った敬語の使い方をしている	
6	ストーリーの組み立て	序論、本論、結論の一定の流れに従って論理的に展開されており、主張したい内容をわかりやすく伝えるための工夫をしている	序論、本論、結論の一定の流れに従って論理的に展開されており、主張にブレや矛盾がない	序論、本論、結論の一定の流れに従って説明しているが、論理的に展開されておらず、主張にブレや矛盾がある	序論、本論、結論の一定の流れに従って説明していないため、話の流れがつかみにくい	
7	主張	主張していることに実現性があり、共感できる	主張していることが共感できる	主張していることは理解できるが、実現性がなく共感できない	主張していることが理解できない	
8	質疑応答	聞き手が質問しやすい雰囲気をつくり、質問者だけでなく参加者全体で共有できるように回答している	質問にそった回答ができている	質疑応答の準備をしているが、質問にそった回答ができていない	事前に質疑応答の準備をしていない	
9	終了の挨拶	出席者にお礼の言葉を述べて終了を宣言しており、出席者が会場を退出するまで気を配っている	出席者にお礼の言葉を述べて終了を宣言している	終了の宣言をしているが、出席者にお礼の言葉がない	挨拶をしないで、終了している	

索引

Index 索引

【英数字】

100%積み上げ棒グラフ………… 62
2ページ目からページ番号を表示… 42
5W2H………………………………… 89
AND関数…………………………… 74
AND検索…………………………… 12
AVERAGEIFS関数………………… 74
AVERAGEIF関数…………………… 74
AVERAGE関数…………………… 73,74
COUNTA関数…………………… 73,74
COUNTIFS関数…………………… 74
COUNTIF関数…………………… 73,74
COUNT関数……………………… 74
Excelデータの貼り付け…………… 39
IF関数…………………………… 73,74
MAX関数………………………… 73,74
MIN関数………………………… 73,74
NOT検索………………………… 12
OR関数…………………………… 74
OR検索…………………………… 12
SmartArtグラフィック……… 38,114
SmartArtグラフィックの種類の
　変更…………………………… 38
SmartArtグラフィックの挿入
　……………………………… 38,114
SUMIFS関数……………………… 74
SUMIF関数……………………… 73,74
SUM関数………………………… 74
VLOOKUP関数…………………… 74

【あ】

アイコンセットの設定…………… 76
曖昧な表現………………………… 24
アウトライン……………………… 16
アウトライン形式………………… 72
新しいスライドの挿入………… 113
アニメーション効果…………… 117
アニメーション効果の動きの
　アレンジ……………………… 117
アニメーションの適用………… 117

【い】

イラスト……………… 36,93,96,115
色…………………………… 93,100
色づかいの工夫………………… 104
色による表現…………………… 100
色の三属性……………………… 100

印刷の色の設定………………… 119
インターネットで収集した情報の
　引用…………………………… 15
インデント………………………… 35
インデントの設定………………… 35
引用……………………………… 14
引用文献………………………… 14,15
引用方法………………………… 14

【う】

ウィキペディア…………………… 11

【え】

演繹法……………………………… 19
円グラフ………………………… 62

【お】

帯グラフ………………………… 62
折れ線グラフ…………………… 61

【か】

会議形式………………………… 85
書き言葉………………………… 21
学術論文の検索方法……………… 13
箇条書き……… 28,36,93,94,113
箇条書きによる表現……………… 94
箇条書きの設定…………… 36,113
箇条書きのレベルを上げる…… 114
箇条書きのレベルを下げる…… 114
箇条書きをSmartArtグラフィック
　に変換………………………… 114
画像………………… 36,93,96,115
画像による表現………………… 96
画面切り替え効果……………… 118
画面切り替え効果の動きの
　アレンジ……………………… 118
画面切り替え効果の適用……… 118
カラースケールの設定…………… 76
簡潔な文章……………………… 24
漢字とひらがなの使い分け……… 22
寒色系…………………………… 100,101
関数……………………………… 73
関数一覧………………………… 74
漢数字…………………………… 22
関数の入力……………………… 73
間接引用………………………… 14
完全一致………………………… 12
感想文との違い………………… 8

【き】

キーワードを使った情報の
　検索方法……………………… 12
記述符号………………………… 22
帰納法…………………………… 19
基本レイアウトの変更…………… 72
脚注…………………………… 23,41
脚注の挿入……………………… 41
行頭文字の設定………………… 94
行/列の切り替え……………… 116

【く】

空間的順序……………………… 19
クモの巣グラフ………………… 64
グラフ……………… 60,77,93,95,116
グラフスタイルの適用…………… 77
グラフと図形を組み合わせる… 116
グラフによる表現……………… 95
グラフの効果的な表現方法…… 64
グラフの挿入……………… 77,116
グラフの特徴…………………… 60
グラフ要素の書式設定…………… 77
グラフ要素の表示／非表示……… 77
クリッピングサービス…………… 13
グループ化………………… 53,54,55,72
クロス集計………………… 53,58,59,70

【け】

形式名詞………………………… 22
結論……………………………… 16,20,88
検索方法………………………… 12
減少率…………………………… 58

【こ】

講演形式………………………… 85
効果的なグラフの使い分け……… 65
効果的なグラフの表現方法……… 64
効果のオプションの設定…… 117,118
効果の変更……………………… 112
講義形式………………………… 85
合計……………………………… 53,56
降順…………………………… 54,55
構成比…………………………… 58
項目のグループ化………………… 72
項目の並べ替え…………………… 72
コンパクト形式…………………… 72
誤解を招く表現………………… 26

語句の繰り返し……………………… 25
ゴシック系………………………… 23

【さ】

最小値……………………… 53,57
最大値……………………… 53,57
彩度………………………… 100,101
雑誌記事の検索方法……………… 13
参考文献…………………………… 15
三段論法…………………………… 19
散布図……………………………… 63
散布図の相関関係………………… 63
算用数字…………………………… 22

【し】

色相………………………………… 100
色相環……………………………… 100
色調………………………………… 102
色調が与える印象………………… 102
自己リハーサル…………………… 107
字下げインデント………………… 35
字下げインデントの設定………… 35
指示語……………………………… 24
事実と意見………………………… 24
姿勢………………………………… 106
視線の流れ………………………… 91
質疑応答…………………………… 109
実証型……………………………… 7
シナリオ…………………… 105,119
シナリオの作成…………………… 105
写真………………… 36,93,96,115
集計………………………………… 58
集計が必要な表の作成…………… 37
集計行の表示……………………… 69
集計方法の変更…………………… 71
集合棒グラフ……………………… 61
収集した情報の引用方法………… 14
修飾句……………………………… 29
章…………………………………… 19
上位/下位ルールの設定………… 75
小計の表示／非表示……………… 72
条件付き書式……………………… 75
条件付き書式のルールのクリア… 76
詳細データの表示………………… 71
昇順………………………… 54,55
章立て……………………………… 16
情報収集の必要性………………… 10
情報収集の方法…………………… 10
情報の検索方法…………………… 12
情報を整理する方法……………… 89
序論………………………… 16,17,88

【す】

図…………………………… 36,115
図解………………………… 93,97
図解による表現…………………… 97
図解の作成例……………………… 99
図解パターンのアレンジ………… 98
図解パターンの種類……………… 97
図形の挿入………………………… 116
スタイル…………………………… 33
スタイルの更新…………………… 33
スタイルの適用…………………… 33
ストーリーの組み立て…………… 88
図として貼り付け………………… 39
図と文字列を左右に配置する…… 37
図の移動…………………………… 36
図のサイズ変更…………………… 36
図の挿入…………………… 36,115
スピーチ原稿……………… 105,119
図表番号…………………… 30,40
図表番号の扱い…………………… 40
図表番号の挿入…………………… 40
すべてのスライドに適用………… 118
スペルチェックと文章校正……… 43
スライドショー…………………… 118
スライドショーの実行…………… 118
スライドの挿入…………………… 113
スライドの見出し………………… 91
スライド番号……………… 93,117

【せ】

正の相関…………………………… 63
節…………………………………… 20
説明型……………………………… 7
セルの強調表示ルールの設定…… 75
前同比……………………………… 58
先頭ページのみ別指定…………… 42
専門用語…………………………… 23

【そ】

増加率……………………………… 58
相関関係…………………………… 63
総計の表示／非表示……………… 72
挿入句……………………………… 29
ソート……………………………… 54
訴求ポイント……………………… 87

【た】

タイトルスライドに表示しない… 117
立ち会いリハーサル……………… 107
達成率……………………………… 58

縦棒グラフ………………………… 61
段区切り…………………………… 41
段区切りの挿入…………………… 41
段組み……………………………… 41
段組みの設定……………………… 41
単純集計…………………… 53,58
暖色系……………………………… 100,101
段落………………………………… 28
段落番号…………………… 36,113
段落番号の設定…………… 36,113

【ち】

中間色系…………………… 100,101
直接引用…………………………… 14
著作権……………………………… 111
地理的順序………………………… 19

【つ】

積み上げ棒グラフ………………… 61

【て】

である調…………………………… 21
定性データ………………………… 52
丁寧体……………………………… 21
定量データ………………………… 52
データ……………………………… 51
データ活用の流れ………………… 53
データの計算……………………… 56
データの更新……………………… 71
データの集計……………………… 58
データの種類……………………… 52
データの並べ替え………………… 54
データバーの設定………………… 76
データベース……………………… 54
テーブル…………………………… 66
テーブルに集計行を表示………… 69
テーマ……………………………… 112
テーマのアレンジ………………… 112
テーマの適用……………………… 112
ですます調………………………… 21

【と】

読点………………………………… 25
トーン……………………………… 102

【な】

ナビゲーションウィンドウの表示…… 34
ナビゲーションウィンドウを使った
　文章の入れ替え………………… 34
並べ替え…………………… 53,54,67,72
並べ替えの実行…………………… 67

索引

【の】
- ノート 119
- ノートの印刷 119
- ノートペイン 119
- ノートペインの表示/非表示 119

【は】
- 背景のスタイルの変更 112
- 配色 103
- 配色が与える印象 103
- 配色の変更 112
- 配色を選ぶコツ 103
- 配布資料 110
- 発表者ビュー 120
- 発表の流れ 108
- 話し方 106
- 話し言葉 21
- バリエーションの変更 112
- 貼り付け 39

【ひ】
- 引数 73
- ヒストグラム 63
- 左インデント 35
- ピボットテーブル 70
- ピボットテーブルの作成 70
- ピボットテーブルのレイアウト ... 72
- 表 37,93,95,115
- 表形式 72
- 表紙 30,90
- 表紙にページ番号を表示しない ... 42
- 表情 106
- 表による表現 95
- 表の作成 37,115
- 表をテーブルに変換 66
- 表を元に順序に戻す 67

【ふ】
- フィールド 54
- フィールド名 54
- フィルター 68,69
- フィルターの実行 68,69
- フィルターの条件のクリア 69
- フォント 23,32,92
- フォントサイズ 23,32,92
- フォントサイズの選び方 23
- フォントの使い分け 23
- フォントの変更 112
- 複合グラフ 62
- 複数キーによる並べ替え 67
- 服装 110
- 普通体 21
- フッター 31,42,117
- 負の相関 63
- ぶら下げインデント 35
- ぶら下げインデントの設定 35
- プレゼン 85
- プレゼンテーション 85
- プレゼンテーション資料 90
- プレゼンテーション資料作成の
  ポイント 90
- プレゼンテーションの構成 87
- プレゼンテーションの実施 109
- プレゼンテーションの実施形式 ... 85
- プレゼンテーションの終了 109
- プレゼンテーションの流れ 86
- 文献リスト 15,31
- 文章校正 43
- 文章校正の詳細設定 43
- 文章の入れ替え 34
- 文章量 30
- 文体 21
- 文のねじれ 27
- 文末 25

【へ】
- 平均 53,56
- ページ設定 32
- ページ番号 31,42,111
- ヘッダー 31,42,117

【ほ】
- 棒グラフ 61
- 報告型 7
- 補色 100,101
- 本文のフォントの設定 32
- 本文のフォントサイズの設定 ... 32
- 本論 16,18,88

【み】
- 右インデント 35
- 見出しスタイル 34
- 身だしなみ 110
- 明朝系 23

【む】
- 無彩色 101
- 無相関 63

【め】
- 明度 100,101
- メリハリのある構成 28
- 面談形式 85

【も】
- 目次の挿入 34
- 文字カウント 43
- 文字数の確認 43
- 文字列の折り返しの設定 37

【ゆ】
- 有彩色 101

【よ】
- 要項 9,30
- 横棒グラフ 61

【り】
- リスト 53
- リスト形式の表 53
- リハーサル 105
- リハーサルの実施 107
- リハーサルの必要性 105
- 略語 23
- リンク貼り付け 39
- 隣接色 100,101

【る】
- ルールのクリア(条件付き書式) 76

【れ】
- レーダーチャート 64
- レコード 54
- 列見出し 54
- レポート 7
- レポート作成の流れ 9
- レポートの型 7
- レポートの構成 16
- レポートの最終チェック 30
- レポートの綴じ方 31
- レポートの文体 21
- レポートの要項 9,30

【ろ】
- 論証型 7
- 論文との違い 8

【わ】
- わかりやすい文章表現 24

学生のための
思考力・判断力・表現力が身に付く
情報リテラシー

(FPT1714)

2018年4月1日　初版発行
2025年4月1日　第2版第5刷発行

著作／制作：富士通エフ・オー・エム株式会社

発行者：山下　秀二

発行所：FOM出版（富士通エフ・オー・エム株式会社）
　　　　〒212-0014　神奈川県川崎市幸区大宮町1番地5　JR川崎タワー
　　　　　　　　　　株式会社富士通ラーニングメディア内
　　　　　　https://www.fom.fujitsu.com/goods/

印刷／製本：株式会社サンヨー

表紙デザイン：株式会社アイロン・ママ

- 本書は、構成・文章・プログラム・画像・データなどのすべてにおいて、著作権法上の保護を受けています。本書の一部あるいは全部について、いかなる方法においても複写・複製など、著作権法上で規定された権利を侵害する行為を行うことは禁じられています。
- 本書に関するご質問は、ホームページまたはメールにてお寄せください。
  <ホームページ>
  　上記ホームページ内の「FOM出版」から「QAサポート」にアクセスし、「QAフォームのご案内」からQAフォームを選択して、必要事項をご記入の上、送信してください。
  <メール>
  　FOM-shuppan-QA@cs.jp.fujitsu.com
  なお、次の点に関しては、あらかじめご了承ください。
  ・ご質問の内容によっては、回答に日数を要する場合があります。
  ・本書の範囲を超えるご質問にはお答えできません。
  ・電話やFAXによるご質問には一切応じておりません。
- 本製品に起因してご使用者に直接または間接的損害が生じても、富士通エフ・オー・エム株式会社はいかなる責任も負わないものとし、一切の賠償などは行わないものとします。
- 本書に記載された内容などは、予告なく変更される場合があります。
- 落丁・乱丁はお取り替えいたします。

©2021 Fujitsu Learning Media Limited
Printed in Japan

FOM出版のシリーズラインアップ

定番の よくわかる シリーズ

「よくわかる」シリーズは、長年の研修事業で培ったスキルをベースに、ポイントを押さえたテキスト構成になっています。すぐに役立つ内容を、丁寧に、わかりやすく解説しているシリーズです。

資格試験の よくわかるマスター シリーズ

「よくわかるマスター」シリーズは、IT資格試験の合格を目的とした試験対策用教材です。

■MOS試験対策　　　　　　　■情報処理技術者試験対策

ITパスポート試験　　基本情報技術者試験

FOM出版テキスト 最新情報 のご案内

FOM出版では、お客様の利用シーンに合わせて、最適なテキストをご提供するために、様々なシリーズをご用意しています。

FOM出版　検索

https://www.fom.fujitsu.com/goods/

FAQのご案内
［テキストに関するよくあるご質問］

FOM出版テキストのお客様Q&A窓口に皆様から多く寄せられたご質問に回答を付けて掲載しています。

FOM出版　FAQ　検索

https://www.fom.fujitsu.com/goods/faq/